Masnier

Masnier diacre
et chapelain d'une des douze
grandes chapelles de l'esglise
Collegiale royale de tous
saincts de montagne au
perche

ABRÉGÉ

DES

ÉLÉMENS

DE

MATHÉMATIQUES.

Par M. RIVARD, Profeſſeur de Philoſophie en l'Univerſité de Paris.

A PARIS,

Chez JEAN DESAINT, & CHARLES SAILLANT, rüe S. Jean-de-Beauvais, vis-à-vis le College.

M. DCC. XL.

Avec Approbations & Privilege du Roi.

A MONSEIGNEUR
LE RECTEUR
ET
A L'UNIVERSITÉ
DE PARIS.

MONSEIGNEUR,

*C'est dans l'Université dont vous êtes le Chef,
que j'ai puisé quelques connoissances des Mathématiques. A qui puis-je mieux offrir les Elémens
que j'en ai recueillis, qu'à cette Mere commune
des Sciences, de qui je tiens le peu que j'en ai.
C'est un tribut que je lui dois, ou plutôt c'est le juste hommage d'un bien qui lui appartient tout entier : car je reconnois sans peine, que mon Livre
ne contient que les principes répandus dans les
cayers de quelques Professeurs de Philosophie,
auxquels j'ai tâché de donner l'ordre & l'étendue que demande l'impression.*

*Témoin des peines & des dégouts que causent
aux jeunes gens qui étudient la Philosophie, des
cayers écrits peu correctement sur des matieres em-
barrassantes, j'ai crû que ce seroit leur rendre
service que de leur donner imprimé en un seul
volume, tout ce que le tems leur permet d'ap-*

prendre de Mathématiques pendant leurs cours.
Rien ne peut être plus efficace pour les porter à
le lire & à en profiter, que de le voir paroître
sous le nom & les auspices d'une Compagnie cé-
lébre, qui depuis plusieurs siécles est en possession
de réunir dans son sein toutes les Sciences, &
qui passe, à juste titre, pour la premiere Ecole
de l'Univers.

Si ce fut autrefois un grand bonheur pour moi
de recevoir de ses leçons, c'est aujourd'hui un
bonheur dont je connois tout le prix, qu'Elle
veuille bien me permettre de lui en présenter les
fruits. Trouvez bon, MONSEIGNEUR,
que je vous supplie d'être le dépositaire & le
Garant de la reconnoissance & du profond res-
pect avec lequel je serai toute ma vie,

MONSEIGNEUR,

Son très-humble, très-fidele,
& très-dévoué serviteur,
RIVARD.

PRE'FACE.

L'ESTIME que l'on fait généralement des Mathématiques, a introduit depuis quelques années dans l'Université de Paris l'usage d'en expliquer les Elémens dans la plûpart des Classes de Philosophie. Les Professeurs les mieux instruits de cette Science & de ses avantages, ont reconnu sans peine que cette partie de la Philosophie ne méritoit pas moins leur attention que la Logique & la Physique : ils ont vû que Les Mathématiques étoient une véritable Logique-pratique, qui ne consiste pas à donner une connoissance seche des regles qui conduisent à la vérité, mais qui les fait observer sans cesse, & qui, à force d'exercer l'esprit à former des jugemens & des raisonnemens certains, clairs & méthodiques, l'habitue à une grande justesse.

En effet, rien n'est plus propre que l'étude de cette Science, pour fixer l'attention des jeunes Etudians, pour leur donner de l'étendue d'esprit, pour leur faire goûter la vérité, pour mettre de l'ordre & de la netteté dans leurs pensées, ce qui est le but de la Logique. S'il y avoit encore quelqu'un qui n'en fût pas persuadé, il pourroit s'en convaincre par ces courtes réflexions. Les signes que les Mathématiques emploient, les lignes sur-tout, & les figures dont se sert la Géométrie, arrêtent la légereté de l'imagination en frappant les yeux ; elles tracent dans l'esprit les idées des choses qu'il veut appercevoir ; elles surprennent & attachent ainsi son attention ; souvent la preuve d'une proposition dépend de quantité de principes : l'esprit n'est-il pas alors obligé d'étendre, pour ainsi dire, sa vûe avec effort, afin de les envisager tous en même-tems ?

La vérité est difficile à découvrir dans ces Sciences; mais aussi elle semble vouloir dédommager ceux qui la cherchent, de leurs peines, par l'éclat d'une vive lumiere dont elle charme leur entendement, & par un plaisir pur & sans mélange dont elle pénetre l'ame. A force de la voir & de l'aimer on se familiarise avec elle, & on s'accoutume à remarquer si bien les traits lumineux qui l'annoncent & la caractérisent toûjours, qu'on est bien-tôt capable de la reconnoître sous quelque forme qu'elle paroisse, & de distinguer en toute matiere ce qui ne porte pas son empreinte.

Enfin personne n'ignore que la méthode des Mathématiciens tend plus que toute autre, à rendre l'esprit net & précis, & à le diriger dans la recherche de la vérité sur quelque sujet que l'on puisse travailler. Les Mathématiciens pour fondement de leurs connoissances, ne posent que des principes simples & faciles, mais certains, lumineux, féconds. Ensuite ils tirent de ces points fondamentaux les conclusions les plus aisées & les plus immédiates, qui n'ayant rien perdu de l'évidence de leurs principes, la communiquent à d'autres conclusions, celles-ci à de plus éloignées, & ainsi de suite. Par-là il se forme une longue chaîne de véritez, laquelle étant attachée par un bout à une base inébranlable, s'étend de l'autre côté dans les matieres les plus difficiles.

Peut-on disconvenir, qu'une application de quelques mois, donnée à la pratique d'une telle méthode, ne serve infiniment plus que certaines questions que l'on avoit coûtume de traiter sans aucun fruit, à former le jugement, & à l'accoûtumer à faire usage des regles de la Logique dans toutes les autres parties de la Philosophie, dont les routes se trouvent même par-là fort applanies? Qui pourroit ne pas approuver les Maîtres de Philosophie qui ont banni à perpétuité de leurs Leçons des matieres vaines & étrangeres, pour y en faire entrer d'autres si utiles,& qui y ont un droit naturel & inaliénable?

Une seconde considération aussi très-importante engage encore lesProfesseurs à faire voir lesElémens des Mathématiques, sur-tout ceux de Géométrie ; c'est qu'ils sont très-utiles, pour ne pas dire nécessaires, à l'intelligence des matieres de Physique. Cette raison fait même qu'on ne les explique pour l'ordinaire qu'immédiatement avant la Physique.

La Méchanique, qui est le fondement de la vraie Physique, fait un usage continuel des principes des Mathématiques : quand je dis la Méchanique, je n'entends pas seulement cet art qui enseigne à lever des fardeaux très-pesans par le moyen d'une puissance peu considérable : je comprends sous ce nom la Science entiere du mouvement, qui apprend à en mesurer la quantité, qui en découvre les propriétés, qui en détermine les loix : la Méchanique prise en ce sens n'est-elle pas la base & le fondement de la Physique, dont le but est d'expliquer les effets de la nature : effets qui sont toûjours produits par quelques mouvemens ? Or il n'y a personne qui ose nier que les Mathématiques ne soient nécessaires pour traiter cette Science avec quelque éxactitude. Elles ne le sont pas moins pour approfondir un peu l'Astronomie, qui est encore une partie de la Physique telle qu'on a coutume de la donner dans les Ecoles, & qui est même la plus curieuse & celle dont la connoissance nous procure plus de plaisir & de satisfaction: qu'y a-t-il en effet dans les sciences naturelles de plus capable de piquer notre curiosité que de connoître les causes de ces phénomenes remarquables qui sont exposez aux yeux de tous les hommes, tels que sont les éclypses de Soleil & de Lune, la diversité des Saisons, l'inégalité des jours dans les différens Pays, le mouvement des Astres : c'est l'Astronomie qui nous développe les raisons de toutes ces apparences merveilleuses par les principes des Mathématiques, & sur-tout de la Géométrie.

Ajoûtons que les bons livres qui traitent de la Physique, supposent au moins les Elémens de Géométrie : ensorte que ceux qui les ignorent sont obligez ou de renoncer à la lecture des meilleurs Livres de Physique, ou de passer les endroits les plus curieux & les plus intéressants.

Mais il n'est pas besoin de m'étendre davantage pour prouver une vérité dont il n'y a personne aujourd'hui qui ne tombe d'accord : on sent assez que rien n'est mieux dans les classes que de cultiver les Mathématiques, tant pour procurer à l'esprit l'habitude de juger solidement, que pour préparer à la Physique. J'avois ouï dire plusieurs fois à quelques Professeurs habiles qu'il seroit à souhaiter que l'on eût dans un même volume un Abregé d'Arithmétique & d'Algèbre avec des Elémens de Géométrie, le tout proportionné aux besoins des Etudians en Philosophie; que par-là on éviteroit deux grands inconvéniens qui se rencontrent à dicter des cayers de Mathématiques, la perte du tems, c'est-à-dire, près de deux heures par jour employées à écrire des choses qu'on n'entend point ; & les fautes qui se glissent si aisément dans cette matiere, où un chiffre, une lettre, un trait de plume mis pour un autre, déroutent un Commençant dans les choses les plus faciles, le désolent & l'arrêtent quelquefois pendant long-tems, sans pouvoir passer outre.

Ces considérations sur l'avantage que les jeunes gens pourroient retirer d'un Ouvrage fait dans ce goût, me déterminerent à composer quelques cayers sur cette matiere. Quand ils ont été achevez, je les ai fait voir à plusieurs personnes qui m'ont aidé de leurs conseils, & qui m'ont enfin engagé à les faire imprimer.

On

On trouvera à la fin de la Géométrie un Traité de Trigonométrie rectiligne , que j'ai ajoûté pour faire voir l'utilité de la Géométrie dans la pratique, & pour montrer aux Etudians en Physique la maniere dont on mesure la distance des planetes. Je ne doute pas que malgré mes soins il ne se trouve plusieurs défauts répandus dans tout cet Ouvrage. Mais si le fond n'est pas désapprouvé,& qu'on le croie bon pour l'usage auquel je le destine, je m'estimerai heureux d'avoir contribué en quelque chose à l'instruction des jeunes Gens.

AVERTISSEMENT
de l'Auteur.

LE tems qu'on peut employer aux Mathématiques pures dans les classes de Philosophie se réduisant à trois ou quatre mois , M^rs les Professeurs qui veulent bien se servir de nos Elémens *in-quarto* pour les expliquer à leurs écoliers , sont obligez de passer plusieurs propositions qui se trouvent mêlées avec d'autres plus nécessaires pour la Physique. Il arrive donc par là que les jeunes étudians de Philosophie sont obligez d'acheter un livre qui contient plusieurs choses qui leur deviennent inutiles, faute de les apprendre,& qui par cette raison coute plus cher. Pour éviter cet inconvenient je me suis déterminé à donner cet Abregé qui contient tout ce qui est nécessaire aux Physiciens dans l'Arithmétique , l'Algebre & la Géométrie. Je l'ai fait en copiant mot pour mot les principales propositions de la 3e édition que l'on trouve chez Desaint & Saillant·rue S. Jean de Beauvais , laquelle est plus correcte& plus ample que les précedentes. J'ai cru qu'il étoit à propos de cotter les articles de cet Abregé des mêmes *numéros* que ceux qui distinguent ces articles dans la troisiéme edition , afin que

* *

AVERTISSEMENT.

les citations fussent les mêmes de part & d'autre. Par là il n'y aura aucun inconvénient que dans une même classe où l'on expliquera nos Elémens, les uns aient l'ouvrage entier tandis que les autres n'auront que l'Abregé. D'ailleurs j'ai souhaité que l'on pût se servir de cet Abregé pour trouver les propositions de Mathématiques qui seront citées dans un traité de la Sphere & des Cadrans que je suis sur le point de faire imprimer, & dans un abregé des sections coniques, dans lesquels les articles de Géométrie qui seront citez, le seront conformément à la troisiéme édition. Au reste pour conserver les mêmes citations j'ai été obligé d'interrompre plusieurs fois la suite des numeros : par exemple, j'ai passé tout d'un coup de l'article 43 à celui qui est cotté 49 dans le second livre de la premiere partie, parce que j'ai omis les articles intermediaires : mais je n'ai point été arrêté par cette considération qui ne m'a paru d'aucun poids.

APPROBATION.

J'Ai lû par l'ordre de Monseigneur le Garde des Sceaux un Manuscrit intitulé : *Elemens de Géométrie, avec un Abregé d'Arithmétique & d'Algebre;* j'ai crû que l'ordre & la clarté qui regnent en cet Ouvrage, en rendroient l'impression utilé au Public. Fait à Paris le 3 de Mai 1732.

SAURIN.

CONCLUSION DU TRIBUNAL DE L'UNIVERSITE'.
Extractum è Commentariis Universitatis Parisiensis.

ANNO Domini millesimo septingentesimo trigesimo secundo, die secundo mensis Augusti, habita sunt apud Amplissimum Rectorem in Collegio Sorbonæ-Plessæo Comitia ordinaria Deputatorum Universitatis . . . . accessit Magister *Rivard*, è Constantissimâ Natione vir Procuratorius, petiitque sibi liceret Universitati dedicare Librum à se scriptum, *de Matheseos Elementis.* Illo è Comitio de more egresso, dixit Amplissimus Rector cum secum jam de illo Libro prædictus Magister *Rivard* privatim egisset, se ante omnia postulasse ut opus illud suum viris aliquot Academicis in Mathesi versatis legendum traderet, ut ex eorum judicio haberet Universitas quod sequeretur : post paucos dies venisse ad se celeberrimos Philosophiæ Professores Magistros *Le Monnier, Guillaume & Grandin*, ac de prædicti Magistri *Rivard* opere luculenta dedisse testimonia. His ab amplissimo Rectore dictis, audito Edmundo *Pourchot*, Syndico, omnes censuerunt accipiendam esse, quam offerret Magister *Rivard* Libri sui Dedicationem. Atque ita ab Amplissimo Rectore conclusum fuit.

INGOUT, Vice-Scriba.

PRIVILEGE DU ROI.

mages & intérêts ; à la charge que ces présentes seront enregistrées tout
au long sur le Registre de la Communauté des Libraires & Imprimeurs
de Paris dans trois mois de la date d'icelles ; que l'impression de cet
Ouvrage sera faite dans notre Royaume & non ailleurs, & que l'impé-
trant se conformera en tout aux Reglemens de la Librairie ; & notam-
ment à celui du dix Avril mille sept cent vingt-cinq, & qu'avant que de
l'exposer en vente, le Manuscrit ou Imprimé qui aura servi de copie
à l'impression duditOuvrage, sera remis dans le même état où l'ap-
probation y aura été donnée ès mains de notre très-cher & féal
Chevalier, le sieur Daguesseau, Chancelier de France, Commandeur de
nos Ordres, & qu'il en sera ensuite remis deux Exemplaires dans notre
Bibliotheque publique, un dans celle de notre Château du Louvre, & un
dans celle de notre très-cher & féal Chevalier le Sr Daguesseau, Chancelier de France, Commandeur de nos Ordres. Le tout à peine de nul-
lité des présentes; du contenu desquelles vous mandons & enjoignons de
faire jouïr l'Exposant ou ses ayans-causes pleinement & paisiblement
sans souffrir qu'il leur soit fait aucun trouble ni empêchement : Voulons
que la copie desdites présentes qui sera imprimée tout au long au com-
mencement ou à la fin dudit Ouvrage, soit tenue pour duement signifiée,
& qu'aux copies collationnées par l'un de nos amés & féaux Conseil-
lers & Sécrétaires, foi soit ajoutée comme a l'Original. Commandons
au premier notre Huissier ou Sergent de faire pour l'exécution d'icelles,
tous actes requis & nécessaires, sans demander autre permission, & no-
nobstant clameur de Haro, Chartre Normande & Lettres à ce contraires ; car tel est notre plaisir. Donné à Paris le vingt-quatriéme jour du
mois de Mai, l'an de grace mil sept cent trente-sept, & de notre re-
gne le vingt-deuxiéme.

Par le Roi en son Conseil SAINSON.

*Registré sur le Registre IX. de la Chambre Royale des Libraires & Imprimeurs
de Paris n. 467, fol 436, conformément au Reglement de 1723, qui fait de-
fenses Article* 4, à toutes personnes de quelque qualité qu'elles soient,
autre que les Libraires & Imprimeurs, de vendre, débiter & faire af-
ficher aucuns Livres pour les vendre en leurs noms, soit qu'ils
s'en disent les Auteurs ou autrement. Et à la charge de fournir à la-
dite Chambre Royale & Syndicale des Libraires & Imprimeurs de Paris
les huit Exemplaires prescrits par l'Article 108 du même Reglement.
A Paris le 25 Mai 1737. G. MARTIN, *Syndic.*

ABREGÉ

DES

ÉLÉMENS

DE

MATHEMATIQUES.

DÉFINITIONS.

I. ON appelle *Mathématiques* toutes les Sciences qui traitent des grandeurs pour en découvrir l'égalité ou l'inégalité.

II. On entend par *grandeur* tout ce qui peut être augmenté ou diminué : ainsi les lignes, les nombres, les mouvemens, les viteſſes, &c. ſont des grandeurs, parce qu'elles ſont capables d'augmentation & de diminution. Toutes ces choſes ſont auſſi appellées *quantitez* ; enſorte que ces deux termes, *grandeur* & *quantité*, ont la même ſignification dans les Mathématiques, & peuvent être pris l'un pour l'autre.

Les Mathématiques ſont partagées en deux claſſes ;

fçavoir , les *Mathématiques pures* & les *mixtes*.

III. Les Mathématiques pures font celles qui confiderent les grandeurs en général , indépendamment des qualitez fenfibles que cés grandeurspeuvent avoir, telles que font la dureté , la fluidité , la pefanteur , la lumiere , la couleur , &c.

IV. Les Mathématiques mixtes, font celles qui confiderent les différentes efpeces de grandeurs avec les qualitez fenfibles qui les accompagnent : par exemple, la Méchanique , l'Aftronomie , l'Optique , la Dioptrique , la Catoptrique font des Mathématiques mixtes.

Nous ne parlerons dans cet Ouvrage que des Mathématiques pures ; elles fe divifent en *Algebre , Arithmétique & Géométrie.*

V. L'Algebre traite des grandeurs én général exprimées par des lettres de l'alphabet.

VI. L'Arithmétique traite des mêmes grandeurs exprimées par des chiffres.

VII. La Géométrie confidere auffi les mêmes grandeurs exprimées par des lignes & par des figures.

Les principes que les Mathématiciens employent dans leurs raifonnemens, font ou des *définitions* , ou des *axiomes*, ou des *demandes*.

VIII. Les définitions font les explications des termes dont on fé fert, & dont on fixe le fens pour éviter l'ambiguité & la confufion : telle eft la définition fuivante du terme d'*axiome*.

IX. Les axiomes font des propofitions qui fervent à en démontrer plufieurs autres , & qui font fi évidentes, qu'elles n'ont pas befoin de preuves : telles font les propofitions fuivantes : Le tout eft plus grand qu'une de fes parties : Deux grandeurs qui font chacune égales à une troifiéme, font égales entr'elles.

X. Les demandes font des fuppofitions qui font évidemment poffibles , ou des chofes fi faciles à faire, que perfonne ne les contefte ; comme fi on demande que *a* signifie une grandeur, & *b* une autre ; qu'il soit permis d'ajouter un nombre à un autre, &c.

C'est par le moyen de ces seuls principes que les Mathématiciens démontrent toutes leurs propositions, qui sont de quatre sortes, *Théorêmes*, *Problêmes*, *Corollaires* & *Lemmes*.

XI. Un Théorême est une proposition de laquelle il faut seulement démontrer la vérité.

XII. Un Problême est une proposition dans laquelle il s'agit de faire quelque chose, & de démontrer que la maniere qu'on propose pour l'exécution est infaillible.

XIII. Un Corollaire est une vérité qui suit d'une proposition précédente.

XIV. Un Lemme est une proposition que l'on ne prouve que pour démontrer d'autres propositions.

Outre ces quatre sortes de propositions, on fait encore des remarques, soit pour les éclaircir, soit pour en faire connoître l'usage, soit pour préparer à leur démonstration. On employe aussi des *scholies* pour l'éclaircissement de quelques propositions, & pour en expliquer l'usage.

Nous allons exposer quelques-uns des axiomes sur lesquels sont fondées les Mathématiques.

Le tout est égal à toutes ses parties prises ensemble : par exemple, si on partage une toise en quatre parties, il est évident que la toise est égale à ces quatre parties.

Le tout est plus grand qu'une de ses parties.

Deux grandeurs, qui sont chacune égales à une troisiéme, sont égales entr'elles : & si deux grandeurs sont égales entr'elles, & que l'une soit égale à une troisiéme, l'autre sera pareillement égale à cette troisiéme.

Si à des grandeurs égales on ajoute d'autres grandeurs égales, les tous qui en résulteront seront égaux.

Si à des grandeurs inégales on ajoute des grandeurs

égales, les tous feront inégaux : pareillement si à des grandeurs égales on ajoute des grandeurs inégales, les tous feront inégaux.

Si de grandeurs égales on retranche des grandeurs égales, les restes feront égaux.

Si de grandeurs inégales on retranche des grandeurs égales, les restes feront inégaux : pareillement si de grandeurs égales on retranche des grandeurs inégales, les restes feront inégaux.

Si de plusieurs quantitez la premiere est plus grande que la seconde, la seconde plus grande que la troisiéme, la troisiéme que la quatriéme, & ainsi de suite, la premiere sera plus grande que la derniere.

Nous diviserons cet Ouvrage en deux parties, dont la premiere contiendra un abrégé d'Arithmétique & d'Algebre, que nous joignons ensemble, parce que l'on fait les mêmes opérations dans l'une & l'autre science : la seconde partie sera la Géométrie.

PREMIERE PARTIE.

ABREGE' D'ARITHMETIQUE & d'algebre.

CETTE premiere partie renfermera trois Livres : dans le premier, on expliquera les six principales opérations, tant sur les nombres que sur les lettres : sçavoir, l'addition, la soustraction, la multiplication, la division, la formation des puissances, & l'extraction des racines : dans le second Livre, on expliquera & on démontrera d'abord les raisons & les proportions, & ensuite les fractions : dans le troisiéme, on traitera des équations.

LIVRE PREMIER.

Des principales opérations de l'Arithmétique & de l'Algebre.

DANS ce premier Livre nous parlerons des opérations de l'Arithmétique avant que de traiter de celles de l'Algebre, parce que les premieres paroissent moins difficiles, & qu'elles peuvent beaucoup contribuer à l'intelligence des autres.

DE L'ARITHMETIQUE.

ARTICLE PREMIER.

L'ARITHMETIQUE est une science qui enseigne à faire differentes opérations sur les nombres, & qui en démontre les principales propriétez.

2. On sçait que plusieurs unitez font un nombre : ainsi trois, cinquante-huit, sept cent quarante-six, &c. sont des nombres.

3. Pour marquer les nombres on se sert de plusieurs caracteres qui nous viennent des Arabes ; on les nomme ordinairement *chiffres* : il y en a dix ; sçavoir, 1, 2, 3, 4, 5, 6, 7, 8, 9, 0, ce dernier ne signifie rien quand il est seul ; mais lorsqu'il est avec d'autres chiffres, il sert à augmenter la valeur de ceux après lesquels il se trouve : par exemple, le 5 seul ne vaut que cinq, mais s'il est suivi de 0 en cette maniere 50, il vaut cinquante. On peut avec ces dix caracteres exprimer tous les nombres possibles : afin de concevoir comment cela se peut, il faut faire attention aux remarques suivantes.

REMARQUE PREMIERE ET FONDAMENTALE.

4. On est convenu que chaque chiffre auroit des valeurs différentes, suivant le rang qu'il occupe dans un nombre ; ensorte que les chiffres augmentent en proportion decuple en allant de droite à gauche, ou ce qui revient au même, les chiffres diminuent en proportion decuple en avançant de gauche à droite : c'est-à-dire, qu'une unité d'un chiffre vaut dix unitez de celui qui est immédiatement plus à droite : par exemple, dans le nombre sept mille cinq cens soixante & deux, qui se marque en cette maniere, 7562, chaque unité du 7 vaut dix unitez du 5 : car les unitez du 7 font des mille, puisque ce 7 marque sept mille, & les unitez du 5 font des centaines : or un mille vaut dix centaines. Pareillement chaque unité du 5 vaut dix unitez du 6, parce que les unitez du 5 font des centaines, & les unitez du 6 font des dixaines. Enfin chaque unité du 6 vaut dix unitez du 2, puisque les unitez du 6 font des dixaines, & les unitez du 2 font des unitez simples. Cette remarque est d'une si grande importance, qu'elle est le fondement des opérations de l'Arithmetique.

II.

5. On divise les chiffres qui composent un nombre en tranches, qui contiennent chacune trois caracteres, excepté la premiere à gauche, qui peut n'en contenir que deux, ou même un seul : c'est en allant de droite à gauche que l'on partage le nombre en tranches, lesquelles marquent différentes parties des nombres ; voici l'ordre de ces tranches en commençant vers la droite : celle des unitez, celle des mille, celle des millions, celle des milliards, celle des billiards, celle des trilliards, celle des quatrilliards, &c. Dans chaque tranche on distingue trois rangs ; le premier, qui est le plus à gauche, est celui des centaines ; le se-

cond, celui des dixaines, & le troifiéme, celui des unitez : on peut voir tout cela dans le nombre fuivant.

Trilliards, Billiards, Milliards, Millions, Mille, Unitez.

70,   425,   670,   383,   952,   104,

(sous 70 : Unitez / Dixaines)   (sous 425 : Unitez / Dixaines / Centaines)   (sous 670 : Unitez / Dixaines / Centaines)   (sous 383 : Unitez / Dixaines / Centaines)   (sous 952 : Unitez / Dixaines / Centaines)   (sous 104 : Unitez / Dixaines / Centaines)

III.

6. On peut bien juger après ce que nous avons dit
dans les remarques précédentes, que quoique chaque
tranche contienne des centaines, des dixaines & des
unitez ; cependant une tranche fignifie des parties de
nombre fort différentes de celles d'une autre tranche :
par exemple, la tranche des millions marque des centaines, des dixaines & des unitez de millions ; celle des
mille fignifie des centaines, des dixaines & des unitez
de mille ; ainfi desautres, comme nous l'avons marqué au _ deffus des tranches dans le nombre précédent.

Quand nous difons que chaque tranche contient
trois rangs ; fçavoir, des centaines, des dixaines, &
des unitez, il en faut excepter la premiere à gauche,
qui peut ne contenir que des dixaines & des unitez,
ou des unitez feulement, s'il n'y a qu'un chiffre dans
cette tranche.

IV.

7. Quand on nomme les rangs en particulier ; par
exemple, ceux des milliards, on dit, centaines de milliards, dixaines de milliards ; mais il feroit inutile de
dire, unitez de milliards ; on dit feulement, milliards :
de même pour la tranche des millions, on dit, centaines de millions, dixaines de millions, & millions, au
lieu d'unitez de millions ; ainfi des autres. Pour ce qui
eft de la derniere tranche, qui eft celle des unitez, on
dit feulement, centaines, dixaines & unitez, parce
qu'il eft inutile de dire, centaines d'unitez, dixaines d'u-

nitez & unitez d'unitez, ou unitez simples. Tout cela posé, il ne sera pas difficile de concevoir comment on peut nommer un nombre marqué par des chiffres, & comment on peut aussi marquer par des chiffres un nombre proposé : c'est ce que nous allons voir.

8. Pour nommer ou énoncer un nombre marqué en chiffres, il faut 1°. le partager en tranches, en commençant vers la droite ; en sorte que chaque tranche contienne trois chiffres, excepté la premiere, c'est-à-dire, celle qui est la plus à gauche, qui pourra n'en contenir que deux, ou même un seul. 2°. Ne prononcer le terme propre à chaque tranche, que quand on est venu au rang des unitez, lequel rang est toujours le dernier à droite dans la tranche. 3°. Quand il se trouve des zeros dans quelques rangs, il ne faut point nommer les parties des nombres qui conviennent à ces rangs : par exemple, soit le nombre 45782539, 1°. je le partage en trois tranches par des virgules en cette maniere, 45, 782, 539 ; la premiere tranche, qui est celle des millions, ne contient que deux chiffres ; sçavoir 45, la seconde, qui est celle des mille, contient ceux-ci 782 ; la troisiéme enfin contient les trois derniers 539. 2°. Je ne prononce le terme propre à chaque tranche que quand j'en suis venu aux unitez ; ainsi je ne dirai pas pour la premiere tranche, quarante millions, ensuite, cinq millions, mais je ne nommerai millions qu'après avoir exprimé 5, qui est au rang des unitez de millions ; je dirai donc, quarante-cinq millions : de même pour la seconde tranche, je ne dirai pas, sept cens mille, ensuite quatre-vingt-mille, & enfin deux mille ; mais je dirai, sept cens quatre-vingt-deux mille : pour la derniere tranche, on dit simplement cinq cens trente-neuf, sans ajouter le terme *d'unités*, qui seroit inutile : toute la somme est donc quarante-cinq millions sept cens quatrevingt deux-mille cinq cens trente-neuf.

Pareillement, afin de nommer ce nombre 50400060,
je remarque après l'avoir partagé en tranches de trois
chiffres chacune, que dans la premiere tranche il y a
un zero au rang des unitez de millions ; c'eſt pourquoi
il ne faut point parler des unitez de millions, mais ſeulement des dixaines, en diſant, cinquante millions :
de même dans la ſeconde tranche, qui eſt celle des
mille, y ayant un zero au rang des dixaines, & un
autre au rang des unitez de mille, il ne faut point parler ni des dixaines ni des unitez de mille ; mais ſeulement des centaines, & dire, quatre cens mille : enfin dans la troiſiéme tranche, n'y ayant que des zeros
aux rangs des centaines & des unitez, je dirai ſimple-
ment, ſoixante, ſans parler de centaines & d'unitez :
le nombre entier eſt donc cinquante millions quatre
cens mille ſoixante. Nous allons parler à préſent de
la maniere dont il faut s'y prendre quand on veut exprimer en chiffres un nombre propoſé.

9. Pour marquer par des chiffres une ſomme propoſée, il faut d'abord écrire le nombre des millions,
ſi la ſomme commence par des millions, ou le nombre
des mille, ſi elle commence par des mille, ainſi du
reſte ; il faut, dis-je, écrire le nombre des millions,
ſans s'embarraſſer de ce qui ſuit, enſuite le nombre des
mille, & enfin les centaines, les dixaines, & les unitez
ſimples, obſervant de mettre des zeros aux rangs des
parties de nombre deſquelles il n'eſt point fait mention
dans la ſomme propoſée : par exemple, ſuppoſez que
je veuille écrire en chiffres la ſomme ſuivante, cin-
quante-ſept millions trois cens ſoixante-huit mille
deux cens ſix ; j'écris d'abord les millions en cette maniere, 57, ſans faire attention à ce qui ſuit ; après
quoi je marque les mille en cette ſorte, 368, & les
mettant à côté des millions il vient 57368 : enfin à la
ſuite des mille je marque deux cens ſix de cette maniere, 206, écrivant un zero au rang des dixaines dont

on ne parle point dans la somme : ce qui donne le nombre propofé 57368206.

Soit encore le nombre trois cens millions vingt-trois-mille foixante-quatre, qu'il faut écrire en chiffres. Je marque en premier lieu les millions en cette forte , 300, mettant des zeros aux rangs des dixaines & des unitez de millions , parce qu'il n'en eft point fait mention dans la fomme : j'écris enfuite les mille 023 à la droite des millions, mettant encore un zero au rang des centaines de mille dont il n'eft point parlé ; après cela je marque le refte 064 à la fuite des mille : dans cette derniere tranche j'ai écrit un zero au rang des centaines dont il n'eft point parlé ; ces trois tranches écrites à côté les unes des autres font 300023064 : c'eft la fomme propofée exprimée en chiffres.

Voici un troifiéme exemple : fi on me donnoit la fomme fuivante à écrire en chiffres , foixante-neuf milliards cinquante millions trois cens foixante, je la marquerois en cette forte , 69050000360 : dans cet exemple j'ai mis trois zeros à la tranche des mille, parce qu'il n'en eft point parlé dans la fomme. Il eft facile de voir par ce qu'on a dit jufqu'ici, pourquoi j'ai écrit chacun des autres chiffres , comme ils font marquez.

10. Entre les nombres, on en diftingue d'*incomplexes* & de *complexes* , d'*entiers* & de *fractionnaires* ou *rompus*.

11. Les nombres incomplexes font ceux qui ne contiennent qu'une efpece de quantitez , comme des livres : tel eft le nombre 5236 livres.

12. Les nombres complexes font ceux qui contiennent plufieurs efpeces de quantitez, comme des livres, des fols & des deniers : par exemple , 542 livres 15 fols 8 deniers , que l'on marque de cette maniere 542 l. 15 f. 8. den.

13. Un nombre entier eft celui qui contient l'unité plufieurs fois exactement, comme 5 , 9 , 67 , &c.

14. Un nombre fractionnaire, ou une fraction, est celui qui contient une ou plusieurs parties égales d'un tout regardé comme l'unité : par exemple, si on regarde un écu comme l'unité, & qu'on conçoive l'écu divisé en 12 parties égales, dont on en prenne 5, ces cinq douziémes feront une fraction que l'on écrit en cette sorte $\frac{5}{12}$: il faut donc deux nombres pour former une fraction, dont l'un exprime combien l'on prend de parties égales, on l'appelle le *numérateur*, & l'autre marque en combien de parties le tout est divisé, on l'appelle *dénominateur* ; le premier s'écrit au-dessus d'une ligne, & l'autre au-dessous, comme on le voit dans l'exemple proposé : de même la fraction trois quatriémes s'écrit en cette sorte $\frac{3}{4}$, ainsi des autres.

15. Quoique l'on ait dit, qu'il falloit deux nombres pour exprimer une fraction, on ne prétend pas en exclure l'unité qui peut être ou numérateur ou dénominateur, comme dans les fractions $\frac{1}{5}$ & $\frac{3}{1}$; ainsi, quoique l'unité ne soit point, à proprement parler, un nombre ; cependant il arrivera plusieurs fois, qu'en parlant des nombres en général, on y comprendra l'unité.

Il y a deux opérations générales dans l'Arithmétique, ausquelles toutes les autres se rapportent : ce sont l'addition & la soustraction : mais il y en a encore d'autres qui ont leurs utilités particulieres, & dont on traite séparément. Nous allons parler des quatre premieres opérations : sçavoir l'*addition*, la *soustraction*, la *multiplication*, & la *division*. Ces quatre opérations sont le fondement de toutes les autres ; c'est pourquoi nous les expliquerons avec étendue.

DE L'ADDITION.

16. L'Addition est une opération par laquelle ayant plusieurs nombres, on en cherche la somme : par exem-

ple, fi ayant les deux nombres 12 & 18, on en cherche la fomme, qui eft 30, cela s'appelle ajoûter enfemble 12 & 18. On voit par la définition de l'addition, qu'elle confifte à trouver un tout dont on connoît les parties. Dans l'exemple propofé, les deux parties connues font 12 & 18, & le tout qu'on cherche eft 30.

17. Afin de faire cette opération, il faut difpofer tous les nombres les uns fous les autres, enforte que les unitez répondent aux unitez, les dixaines aux dixaines, les centaines aux centaines, les mille aux mille, ainfi du refte : enfuite on doit tirer une ligne au-deffous des nombres ; après quoi on obferve la regle fuivante.

18. On commence par la colomne des unitez dont on prend la fomme ; il peut arriver deux cas : ou bien cette fomme peut s'exprimer par un feul chiffre, comme 8 ; & alors il faut écrire 8 au-deffous des unitez ; ou la fomme des unitez ne peut être exprimée que par deux chiffres ; dans ce cas il faut écrire fous la colomne des unitez, le dernier des deux chiffres, c'eft-à-dire, celui qui eft à la droite : par exemple, s'il y a 25 unitez, on met 5 fous la colomne des unitez, & l'on retient 2 pour l'ajoûter aux dixaines qui font dans la colomne voifine en allant vers la gauche. On opere de la même maniere fur la colomne des dixaines, fur celle des centaines, &c.

19. Remarquez que quand dans quelques-unes des colomnes, par exemple, celle des dixaines, il ne fe trouve aucun chiffre pofitif, pour lors on met un zero au-deffous, fi on n'a rien retenu de la colomne des unitez : mais fi on avoit retenu quelque chofe, par exemple 3, il faudroit écrire 3 fous la colomne des dixaines.

EXEMPLE PREMIER.

Soient propofez à ajoûter les nombres 3560252 , 4630023, 6758200, 600433.

Après les avoir difpofez les uns fous les autres, les unitez fous les unitez , les dixaines fous les dixaines , les centaines fous les centaines, &c. comme on le voit ci-deffous , il faut opérer en premier lieu fur les unitez que l'on peut ajoûter en commençant indifféremment par le haut ou par le bas de la colomne : mais il eft bon de choifir une des deux manieres pour la fuivre toujours : je commencerai par le haut de chaque colomne.

Je dis donc : 2 & 3 font 5 , 5 & 3 font 8 ; je pofe 8 fous la colomne des unitez : je paffe enfuite à la colom- ne des dixaines , en difant : 5 & 2 font 7 , 7 & 3 font 10 : cette fom- me des dixaines ne pouvant s'expri-

$$\begin{array}{r} 3560252 \\ 4630023 \\ 6758200 \\ 600433 \\ \hline 15548908 \end{array}$$

mer que par deux chiffres, j'écris le dernier, qui eft 0 fous la colomne des dixaines , & je retiens 1 , qui eft le premier chiffre de la fomme 10 , pour la colomne des centaines , à laquelle je paffe en commençant par 1 que j'ai retenu ; je dis donc, 1 & 2 font 3 , 3 & 2 font 5 , 5 & 4 font 9 , que j'écris fous la colomne des centaines : enfuite je paffe à celle des mille , dans laquelle il n'y a que 8 qui foit pofitif, je mets donc 8 fous cette colomne ; puis je viens à celle des dixaines de mille , & je dis : 6 & 3 font 9 , 9 & 5 font 14 ; je pofe le dernier chiffre 4 fous cette colomne, & je retiens 1 pour la colomne des centaines de mille , fur laquelle j'opere de la même maniere , en difant : 1 & 5 font 6 , 6 & 6 font 12 , 12 & 7 font 19 , 19 & 6 font 25 ; j'écris 5 fous cette colomne, & je retiens 2 pour celle des millions ; je dis donc 2 & 3 font 5 , 5 & 4 font 9 , 9 & 6 font 15 ; je pofe 5 au-deffous, & j'avan- ce 1 , qui refte.

EXEMPLE II.

Soient encore propofez les quatre nombre fuivans
3504802 , 605900 , 106300 , 9402 dont il faut trouver la fomme.

Les ayant difpofez , comme on le
voit , je commence par ajoûter les
chiffres de la colomne des unitez ;
de-là je paffe aux dixaines , puis aux
centaines , ainfi de fuite , comme il a
été prefcrit , remarquant que je dois

                  3504802
                   605900
                   106300
                      9402
                  ―――――
                 4226404

* 19. pofer zero fous la colomne des dixaines * , parce
qu'elle ne contient aucun chiffre pofitif ; & que d'ailleurs je n'ai rien retenu de la colomne des unitez : de
même paffant de la colomne des mille , de laquelle
j'ai retenu 2 , à celle des dixaines de mille , je n'ai
trouvé aucun chiffre pofitif ; ainfi je pofe fous cette
* 19. colomne le 2 que j'avois retenu. *

AVERTISSEMENT.

Lorfque cette marque * fe trouve à la marge avec
un nombre à côté , cela fignifie que la propofition qui
répond à cette marque dépend de l'article défigné par
le nombre. Ainfi après avoir dit dans l'explication du
fecond exemple , qu'il falloit pofer un zero fous la colomne des dixaines , on a mis le figne * tant après cette
propofition que vis-à-vis à la marge avec le nombre
19 , pour faire connoître que là propofition dépend
de l'article 19. On a fait la même chofe après avoir dit
qu'il falloit écrire 2 fous la colomne des dixaines de
mille.

20. On obferve la même regle dans l'addition des
nombres complexes , & on commence l'opération par
les plus petites efpeces , en allant de fuite aux plus
grandes : fur quoi il faut remarquer qu'en paffant d'u-
ne efpece à une plus grande , comme des deniers aux

fols, il faut voir combien de fois celle à laquelle on passe est contenue dans la somme des plus petites, n'écrivant que le reste, s'il y en a, sous la moindre espece, & retenant le nombre de fois que la grande espece est contenue dans la somme des plus petites, pour ajoûter ce nombre à la plus grande : par exemple, si on passe des deniers aux sols, & qu'il y ait 38 deniers, comme cette somme de 38 deniers contient 3 sols & 2 deniers de plus, on écrira 2 sous les deniers, & on retiendra 3 pour les ajoûter aux sols.

De même, quand on passe des dixaines de sols aux livres, il faut aussi réduire ces dixaines en livres : or on sçait qu'une livre vaut deux dixaines de sols ; c'est pourquoi il faut, si le nombre des dixaines est pair, en prendre la moitié, qui marquera les livres qui y sont contenues : par exemple, s'il y avoit 8 dixaines de sols, il faudroit prendre 4, qui est la moitié de 8, & ce 4 marque qu'il y a quatre livres dans huit dixaines de sols ; il n'y auroit donc rien à mettre sous les dixaines de sols ; mais on retiendroit 4 pour l'ajoûter à la colomne des unitez de livres. Si le nombre des dixaines de sols est impair, il en faut ôter une, que l'on écrira sous les dixaines, & prendre la moitié du reste : cette moitié marquant des livres, on l'ajoûtera à la colomne des unitez de livres : par exemple, s'il y avoit 5 dixaines de sols, il en faudroit ôter une, & l'écrire sous les dixaines de sols ; ensuite prendre 2, qui est la moitié du reste 4, & l'ajoûter aux livres.

EXEMPLE PREMIER.

Si on me propose d'ajoûter les nombres complexes 35602 livres 15 sols 8 deniers, 64923 l. 6 s. 11 d. 7043 l. 18 s. 9 d. & 58 l. 12 s. 10 d. je les dispose de la maniere suivante, les unitez sous les unitez, les dixaines sous les dixaines, &c. observant de plus de placer les deniers d'un nombre sous les deniers des autres nombres : il faut placer de même les sols sous les sols, & les livres sous les livres, comme on le voit.

Je commence par les deniers, en difant : 8 & 11 font 19, & 9 font 28, 28 & 10 font 38 : cette fomme contient 3 f. 2 d. c'eft pourquoi je pofe 2

35602	l.	15	f.	8	d.
64923		6		11	
7043		18		9	
58		12		10	
107628	l.	14	f.	2	d.

fous les deniers, & je retiens trois pour l'ajoûter aux fols : s'il y avoit eu feulement 36 deniers, qui font 3 fols fans refte, il auroit fallu retenir 3 pour l'ajoûter aux fols, & on n'auroit pû mettre qu'un zero fous les deniers. Je viens enfuite aux fols, & je dis : 3 que j'ai retenu, & 5 font 8, 8 & 6 font 14, 14 & 8 font 22, 22 & 2 font 24, je pofe le dernier chiffre 4 fous la colomne des unitez de fols, & je retiens 2, que j'ajoûte aux dixaines de fols, en difant : 2 & 1 font 3, 3 & 1 font 4, 4 & 1 font 5 : ce nombre étant impair, j'en ôte 1, que je pofe fous la colomne des dixaines de fols, il refte 4 dont je prends la moitié, qui eft 2, que j'ajoûterai avec les livres.

Je paffe donc aux livres, & je dis : 2 & 2 que j'ai retenu font 4, 4 & 3 font 7, 7 & 3 font 10, 10 & 8 font 18, je pofe 8, & je retiens 1 que j'ajoûte à la colomne voifine, opérant felon ce que nous avons dit dans le premier exemple de l'addition des nombres incomplexes.

É X E M P L E II.

Voici encore un exemple de l'addition des nombres complexes, où il s'agit d'ajoûter des toifes, des pieds & des pouces. On fçait que la toife contient fix pieds, & le pied douze pouces.

542	toifes	4	pieds	10	pouces.
927		5		8	
85		3		2	
1556		1		8	

REMARQUES.

REMARQUES.

I.

21. On peut remarquer que dans l'addition des nombres complexes qui contiennent des fols & des deniers,
on opere en même-tems fur les unitez & fur les dixaines
de deniers, comme dans le premier exemple : au lieu
que l'opération fé fait par parties fur les fols ; en forte
qu'on ajoûte les unitez avant que de paffer aux dixaines : cette différence vient de ce qu'il faut exactement
un certain nombre de dixaines de fols pour faire une
ou plufieurs livres ; au contraire, pour réduire les deniers en fols, on eft obligé d'ajoûter des deniers aux
dixaines : par exemple, pour un fol il faut une dixaine de deniers & deux de plus, c'eft-à-dire, 12 deniers :
pour 2 fols il faut 2 dixaines & quatre deniers de plus,
c'eft-à-dire, 24 deniers, &c. Par la même raifon dans
le fecond exemple, il faut ajoûter en même-tems les
unitez & les dixaines de pouces pour voir combien la
fomme contient de pieds.

II.

22. Quand on a beaucoup de nombres à ajoûter, il
faut pour une plus grande facilité faire plufieurs
additions, enfuite ajoûter toutes les fommes qu'on
aura trouvées par ces additions, pour en faire la
fomme totale : par exemple, fi on avoit 28 nombres à ajoûter, on pourroit prendre les dix premiers pour en faire une addition, puis les dix fuivans
pour en faire une feconde, & enfin les huit derniers
pour une troifiéme, & après ces trois additions, il
faudroit ajoûter enfemble les trois fommes qu'on auroit trouvées, ce qui donneroit la fomme totale des
vingt-huit nombres.

DE LA PREUVE DE L'ADDITION.

23. Si après l'addition on veut fçavoir fi on ne s'eft

pas trompé dans l'opération, il faut ôter de la fomme totale qu'on a trouvée, tous les nombres qui ont été ajoûtez, & s'il ne refte rien, c'eft une marque que l'addition eft bien faite, parce que un tout eft égal à toutes fes parties prifes enfemble. Ainfi après avoir ôté de la fomme totale, tous les nombres ajoûtez, s'il reftoit quelque chofe, ou fi on ne pouvoit pas ôter tous les nombres de cette fomme, l'addition feroit mal faite, auquel cas il faudroit la recommencer.

24. Cette maniere de s'affurer fi on a bien opéré, s'appelle *preuve de l'addition*, qui fe pratique en cette forte : on commence par la premiere colomne, c'eft-à-dire, celle qui eft la plus à gauche, dont la fomme doit être ôtée du chiffre ou des chiffres de la fomme totale qui répondent à cette colomne, & on écrit le refte au-deffous, s'il y en a, pour le joindre par la penfée avec le caractere fuivant de la fomme totale : on paffe enfuite à la feconde colomne dont la fomme doit être auffi fouftraite des caracteres ou du caractere qui lui répond dans la fomme totale, écrivant toujours le refte au-deffous, s'il y en a, pour le joindre par la penfée au chiffre fuivant de la fomme totale : on pourfuit en obfervant la même méthode, & à la fin de la preuve, il ne doit rien refter. Cela s'entendra par un exemple.

Pour faire la preuve de cette addition, j'opere en allant de bas en haut, en difant : 3 & 7 font 10, 10 & 8 font 18, que j'ôte des chiffres correfpondans dans la fomme totale, c'eft-à-dire de 19, il refte 1, que j'écris fous la premiere colomne : je le joins par la penfée à 5, qui eft le chiffre fuivant de la fomme totale, ce qui fait 15, dont il faut fouftraire la feconde colomne ; je dis donc : 4 & 6 font 10, 10 & 5 font 15, que j'ôte de 15, refte 0 que j'é-	8504 7609 3405 ――― 19518 1010

cris au-deſſous de 5 ; je paſſe enſuite à la troiſiéme
colomne, qui ne contient que des zeros, leſquels étant
ôtez de 1, qui répond à cette colomne,
il reſte 1, qu'il faut joindre par la pen-   8504
ſée à 8, ce qui fait 18, dont il faut   7609
ôter la quatriéme colomne ; ainſi je dis :   3405
5 & 9 font 14, 14 & 4 font 18, que   —————
j'ote de 18, il ne reſte rien ; ce qui fait   19518
voir que l'addition eſt bien faite.   1010

On ſe ſert de la même méthode pour la preuve de
l'addition des nombres complexes, en remarquant
néanmoins que quand on paſſe des plus grandes eſpeces aux moindres, on réduit ce qui reſte de la ſomme
des plus grandes aux moindres qui ſuivent, par exemple les livres en dixaines de ſols, & les ſols en deniers.
Nous allons appliquer cette méthode à une addition
de nombres complexes.

Pour faire la preuve de   370 liv. 18 ſ. 9 den.
cette addition, je com-   493   14 11
mence par la premiere co-   6   9 7
lomne, & je dis : 4 & 3   —————————
font 7, que j'ôte de 8, il   871 3 3
reſte 1, que j'écris au-deſ-   112 22 0
ſous du 8, je le joins par la penſée à 7, ce qui fait 17 :
enſuite je dis 9 & 7 font 16, que j'ôte de 17, reſte 1,
que je poſe ſous 7 ; je le conçois joint à 1 qui ſuit, ce
qui fait 11, d'où j'ôte 9, qui ſont à la colomne correſ-
pondante, il reſte 2, c'eſt-à-dire, 2 livres qu'il faut réduire en 4 dixaines de ſols ; il faut donc concevoir 4
ſous la colomne des dixaines de ſols, & ſouſtraire ces
dixaines de 4 ; il reſtera 2, que j'écris ſous cette colomne : ce 2 étant joint par la penſée avec le 3 qui
ſuit, j'aurai 23, dont je dois ôter la colomne des unitez de ſols ; je dis donc : 9 & 4 font 13, 13 & 8 font
21, qui étant ôtez de 23, il reſte 2, qu'il faut mettre

ſous 3. Ce 2 marque 2 ſols, qui valent 24 deniers, leſquels il faut ajoûter avec les trois autres qui ſont ſous
la colomne des deniers, cela fera 27, dont il faut ôter
les deniers des trois nombres ; il y en a 27, qui ôtez
de 27, il ne reſte rien : ce qui eſt une marque que l'addition eſt bien faite.

Voici encore une addition complexe, dont on a fait la preuve, comme dans l'exemple précédent, en obſervant que quand on a paſſé des livres aux dixaines de ſols, comme il y

269	16	11
790	18	3
84	17	9
1145	12	11
2̣1̣2̣	2̣1̣	0

avoit 2 livres de reſte, on les a réduit en 4 dixaines,
auſquelles on a ajoûté celle qui ſe trouvoit ſous la colomne des dixaines de ſols ; ce qui a fait 5 qu'il a fallu
concevoir à la place de 1 qui eſt ſous cette colomne :
on a enſuite ôté du 5 les 3 dixaines de la colomne, &
on a écrit le reſte 2 ſous 1 pour le joindre par la penſée au 2 qui eſt ſous la colomne des unitez de ſols. De
même lorſqu'on a paſſé des ſols aux deniers, il a fallu réduire un ſol qui reſtoit, en 12 deniers, que l'on a
ajoûté à 11, qui ſont ſous les deniers, & de la ſomme
23 on a ſouſtrait les deniers qui ſont au-deſſus : ce qui
étant fait, il n'eſt rien reſté ; ainſi l'addition eſt bien
faite.

25. Il ne nous reſte plus qu'à donner la démonſtration
de l'addition. On entend par démonſtration d'une
opération, la raiſon ſur laquelle eſt fondée la regle
preſcrite pour cette opération ; c'eſt pourquoi il y a
beaucoup de différence entre la démonſtration & la
preuve d'une opération, puiſque par la démonſtration
on fait voir que la regle preſcrite pour l'addition, par
exemple, eſt infaillible ; au lieu que la preuve ne ſert
qu'à faire connoître qu'on a obſervé cette regle dans
les exemples particuliers.

DÉMONSTRATION DE L'ADDITION.

26. On cherche par l'addition une somme totale qui contienne plusieurs nombres proposez. Or en suivant la regle prescrite pour l'addition, on trouve la somme totale qui contient tous les nombres proposez, puisqu'on prend la somme des unitez, celle des dixaines, celle des centaines, celle des mille, & ainsi des autres parties des nombres ; par conséquent si on suit la regle prescrite pour l'addition, on trouve nécessairement la somme totale de tous les nombres qu'il falloit ajoûter.

DE LA SOUSTRACTION.

27. La soustraction est une opération par laquelle on ôte un moindre nombre d'un plus grand : par exemple, si on ôte 9 de 12, c'est une soustraction. Le nombre qui résulte de la soustraction est appellé *reste* ou *différence* : Dans notre exemple 3 est le reste ou la différence des nombres 12 & 9. Il est visible par la définition de la soustraction, que cette opération consiste à chercher une partie d'un tout dont on connoît déja une partie aussi-bien que le tout : dans l'exemple proposé le tout est 12, la partie connuë est 9, & le reste 3 est l'autre partie qu'on cherchoit.

28. Lorsqu'on ajoûte le même nombre à deux autres, la différence de ces deux nombres est toûjours la même avant & après l'addition : si par exemple on ajoute 6 à 12 & à 9, la différence des sommes 18 & 15 est la même que celle des nombres 12 & 9.

29. Pour faire la soustraction, il faut écrire le nombre que l'on veut soustraire au-dessous de l'autre ; en sorte que les unitez de l'un répondent aux unitez de l'autre, les dixaines aux dixaines, les centaines aux centaines, &c. ensuite tirer une ligne au-dessous des deux nombres, après quoi on doit observer la regle suivante : On commence par ôter les unitez du nombre

à fouftraire, des unitez de l'autre : il peut arriver trois cas ; le premier, que le chiffre inférieur qui marque les unitez foit plus petit que le fupérieur ; pour lors on écrit le refte au-deffous dans le même rang : le fecond cas, eft lorfque les deux chiffres font égaux : dans ce fecond cas on met un zero au-deffous, parce que le caractere inférieur étant ôté de l'autre, il ne refte rien.

Le troifiéme cas enfin, eft quand le caractere inférieur eft plus grand que le fupérieur ; alors il faut ajoûter une dixaine au chiffre fupérieur ; enfuite de la fomme compofée de cette dixaine & de ce chiffre, ôter celui qui eft au-deffous, & écrire le refte fous la ligne dans le même rang : par exemple, fi on vouloit fouftraire 28 de 43, il faudroit après les avoir difpofez en cette maniere $\frac{43}{28}$, ajoûter d'abord 10 à 3 ; enfuite retrancher 8 de la fomme 13 compofée de 10 & de 3 ; enfin écrire le refte 5 au-deffous de 8.

Comme dans ce troifiéme cas on a ajoûté une dixaine au nombre dont on veut fouftraire, on doit ajoû-

* 28. ter tout autant au nombre que l'on doit fouftraire *, c'eft pourquoi il faut fuppofer que dans ce dernier nombre le chiffre du rang précédent eft augmenté d'une unité ; laquelle eft égale à la dixaine ajoûtée au chiffre plus reculé d'un rang vers la droite dans le nom-

* 4. bre fupérieur * : dans l'exemple propofé, 2 eft le chiffre qui précede le 8 d'un rang vers la gauche dans le nombre à fouftraire 28 ; il faut par conféquent ajoûter 1 à 2. On opere de la même maniere fur les autres chiffres felon les trois différens cas.

Exemple I.

Soit le nombre 5243 dont il faut ôter 4328 : après les avoir difpofez comme nous l'avons dit ; en forte que les unitez répondent aux unitez, les dixaines aux dixaines, &c.

Je dis : 8 de 3 , cela ne se peut : j'a-
joûte une dixaine à 3 * , en disant : 10 &
3 font 13 : 8 de 13 reste 5 que j'écris
sous 8 ; ensuite il faut dire , je retiens 1 :
après cela j'ajoûte cet 1 à 2 qui précede 8 dans
le nombre inférieur ; ce qui fait 3 ; je dis donc : 3 de
4 , reste 1 que j'écris au-dessous de 2 : j'opere de
la même maniere sur les centaines , en disant : 3 de 2 ,
cela ne se peut ; ainsi j'ajoûte une dixaine à 2 * , & je
dis 10 & 2 font 12 : 3 de 12 reste 9 que je pose sous
3 , & je retiens 1 qu'il faut ajoûter au 4 précédent du
nombre inférieur ; je dirai donc 1 & 4 font 5 , 5 de
5 reste 0 , qu'il est inutile d'écrire au-dessous , parce
qu'il n'y a plus de chiffre à mettre avant lui.

5243
4328   *29.
———   III.Cas.
915

*29.
III.Cas.

EXEMPLE II.

Soit encore cet autre exemple de soustraction à faire
selon la même méthode.

Je dis : 7 de 4 , cela ne se peut ,
j'ajoûte donc une dixaine à 4 * , en
disant : 10 & 4 font 14 , 7 de 14 ,
reste 7 que j'écris au-dessous , & je
retiens 1 : je dis ensuite : 1 que j'ai retenu & 6 font 7 ;
7 de 0 , cela ne se peut ; c'est pourquoi j'ajoûte une dixaine au zero , en disant : 10 & 0 font 10 : 7 de 10 ,
reste 3 que je pose sous 6 & je retiens 1 : j'ajoûte cet 1
au 0 précédent du nombre inférieur , la somme est 1
qui ne peut être ôtée de 0 qui est au-dessus ; il faut
donc ajoûter une dixaine à ce 0 , en disant : 10 & 0
font 10 : 1 de 10 , reste 9 , que j'écris sous 0 , & je
retiens 1 : j'ajoûte cet 1 à 5 , la somme est 6 qui ne
peut être ôtée du 0 qui est au-dessus ; c'est pourquoi
je dois ajoûter une dixaine & dire : 10 & 0 font 10 :
6 de 10 , reste 4 & je retiens 1 qu'il faut ajoûter à 2 ,
la somme est 3 que j'ôte de 5 , il reste 2 que je mets
au-dessous : enfin j'écris les trois chiffres 607 du nom-

60750004
25067   *29.
————   III.Cas.
60724937

b iv

bre ſuperieur tels qu'ils ſont, parce qu'il n'y a point de chiffres correſpondans dans le nombre à ſouſtraire.

Si les deux nombres propoſez étoient complexes, ou au moins un des deux, il faudroit obſerver la même méthode, en commençant par les plus petites eſpeces, & allant de ſuite aux plus grandes, comme on le verra dans les exemples ſuivans.

E X E M P L E I.

Soit le nombre 5308 liv. 15 ſ. 9 den. dont il faut ſouſtraire 407 liv. 18 ſ. 6 d. Après les avoir diſpoſez de maniere que les livres répondent aux livres, les ſols aux ſols, & les deniers aux deniers en cette ſorte :

Je commence par les de-   5308 liv. 15 ſ. 9 d.
niers, en diſant : 6 de 9,   407   18   6
reſte 3 que j'écris ſous 6 :   ————————
enſuite je paſſe aux ſols, &   4900   17   3

je dis : 18 de 15, cela ne ſe peut, il faut ajoûter une livre réduite en ſols, (ce qui ſe fait toujoûrs quand on eſt obligé d'ajoûter quelque choſe aux ſols) 20 & 15 font 35, dont j'ôte 18, il reſte 17 que j'écris ſous 18 ; après cela je paſſe aux livres, & me ſouvenant que j'ai ajoûté une livre au nombre ſupérieur, j'ajoûte auſſi une livre au 7 qui marque les unitez de livres du nombre inférieur ; ainſi je dis 1 & 7 font 8, que j'ôte du 8 qui eſt deſſus, il reſte o que j'écris ſous 7 ; puis je continuë en diſant : o de o reſte o que j'écris au-deſſous : enſuite je dis 4 de 3, cela ne ſe peut, j'ajoûte 10 à 3, la ſomme eſt 13, de laquelle ôtant 4, il reſte 9 que je poſe ſous 4, & je retiens 1 que je ne puis ajoûter à aucun chiffre, n'y en ayant point avant 4 ; c'eſt pourquoi j'ôte ſeulement 1 de 5, il reſte 4 que j'écris au-deſſous de 5, & la ſouſtraction eſt achevée.

Exemple II.

Soit encore le nombre 725 liv. dont il faut ôter celui-ci 23 liv. 16 f. 11 den.

Le premier ne contenant ni fols ni deniers, il en faut ajoûter par la penfée, afin de pouvoir ôter le fecond ; je

725 liv.	o f.	o d.
23	16	11
701	3	1

fuppofe donc qu'il y a un fol réduit en 12 deniers (on n'ajoûte jamais moins aux deniers) & je dis 11 de 12, refte 1 que j'écris au-deffous : après quoi je paffe aux fols, me fouvenant que j'ai ajoûté 1 f. ou 12 den. au nombre fupérieur, & qu'il faut par conféquent ajoû-ter auffi un fol au nombre inférieur ; je dis donc : 1 & 16 font 17 : laquelle fomme ne pouvant être ôtée de o qui eft au-deffus, il faut concevoir une livre réduite en fols, comme dans l'exemple précedent ; d'où ôtant 17, il refte 3 que je mets au-deffous de 6 : je paffe enfuite aux livres ; mais ayant ajoûté une livre au nombre dont on veut fouftraire, j'en ajoûte auffi une au nom-bre à fouftraire ; je dis donc : 1 & 3 font 4, qui étant ôté de 5, il refte 1, que je pofe au-deffous : puis j'ôte 2 de 2, il refte o que j'écris dans ce rang : enfin je pofe le 7 avant ce zero, n'y ayant rien qui doive en être ôté.

Exemple III.

Voici un exemple de fouftraction dont les nombres contiennent des toifes, des pieds & des pouces. Nous donnons cet exemple tout fait, fans nous arrêter à l'ex-pliquer au long : ce-la feroit inutile a-près ce que nous a-vons dit dans les e-xemples précedens.

820 toifes	4 pieds	9 pouces.
30	5	4
789	5	5

REMARQUES.

I.

30. Dans les exemples de fouſtraction complexe où il y a au moins dix ſols dans un des nombres, on pourroit faire la fouſtraction par partie ſur les ſols, en ôtant d'abord les unitez des unitez, & enſuite les dixaines des dixaines ; mais l'opération eſt plus courte & plus facile en la faiſant comme nous l'avons faite.

II.

31. Si on avoit pluſieurs nombres à fouſtraire de pluſieurs autres, il faudroit 1°. ajoûter tous les nombres deſquels on voudroit fouſtraire, en une ſomme totale. 2°. Ajoûter auſſi tous les nombres à fouſtraire pour en avoir la ſomme totale. 3°. Enfin ôter la ſeconde de ces deux ſommes de la premiere.

Il y a une autre méthode fort commune de faire la fouſtraction, que nous n'expliquons pas ici, parce qu'elle n'eſt pas plus facile à pratiquer que celle que nous avons donnée, & que d'ailleurs les commençans pourroient confondre ces deux méthodes dans l'opération ; ce qui cauſeroit des fautes de calcul.

DE LA PREUVE DE LA SOUSTRACTION.

32. La preuve de la fouſtraction ſe fait par l'addition ; c'eſt-à-dire, qu'il faut ajoûter le nombre à fouſtraire avec le reſte, & la ſomme des deux ſera égale au nombre dont on a fouſtrait, ſi la fouſtraction eſt bien faite. La raiſon en eſt que le nombre à fouſtraire & le reſte ſont les deux parties du nombre total dont on veut fouſtraire ; par conſéquent en ajoûtant ces deux parties enſemble, il en réſultera une ſomme égale au tout, c'eſt-à-dire, au nombre dont on vouloit fouſtraire.

Nous allons donner la preuve du premier exemple sur les nombres complexes sans l'expliquer, parce qu'elle est assez facile à entendre.

5308 liv.	15 s.	9 den.
407	18	6
4900	17	3
5308	15	9

DÉMONSTRATION DE LA SOUSTRACTION.

33. On se propose dans la souftraction de trouver le reste du nombre dont on veut souftraire, après en avoir ôté le nombre à souftraire. Or en suivant la regle qu'on a donnée, on trouvera ce reste ; puisque selon cette regle on prend le reste des unitez, celui des dixaines, celui des centaines, celui des mille, &c. Donc on trouvera le reste du nombre dont il faut souftraire, lequel reste exprime l'excès de ce nombre sur l'autre que l'on vouloit souftraire.

DE LA MULTIPLICATION.

34. Multiplier un nombre par un autre, c'est prendre le premier autant de fois qu'il est marqué par le second : par exemple, multiplier 5 par 3, c'est prendre 5 autant de fois qu'il est marqué par 3, c'est-à-dire, trois fois : ce qui fait 15 ; il y a donc trois nombres à distinguer dans la multiplication ; sçavoir, le *multiplicande*, le *multiplicateur* & le *produit*. Le multiplicande ou le multiplié est le nombre qu'on multiplie : dans l'exemple proposé 5 est le multiplié. Le multiplicateur est celui par lequel on multiplie, comme 3 dans le même exemple. Le produit est le nombre qui résulte de la multiplication ; ainsi 15 est le produit de 5 par 3.

35. On peut définir la multiplication, une opération par laquelle on trouve un nombre, qu'on nomme produit, qui contient autant de fois le multiplié, que le multiplicateur contient l'unité : par exemple, si on

multiplie 9 par 8, on trouvera pour produit un nombre, ſçavoir 72, qui contient 9 huit fois, de même que 8 contient huit fois 1. Cela eſt évident par l'expreſſion même dont on ſe ſert dans la multiplication, puiſque pour multiplier 9 par 8, on dit huit fois 9 ; ainſi le produit doit contenir 9 huit fois, c'eſt-à-dire, autant de fois que 8 contient l'unité.

36. Il ſuit de la notion de la multiplication, que quand le multiplicateur eſt plus grand que l'unité, pour lors le produit eſt plus grand que le multiplicande autant de fois qu'il eſt marqué par le multiplicateur : par exemple, en multipliant 9 par 8, on trouve le produit 72, qui eſt huit fois plus grand que le multiplicande.

Il y a deux ſortes de multiplications, la *ſimple* & la *compoſée*. La multiplication ſimple eſt celle dont le multiplicateur eſt exprimé par un ſeul chiffre : telle eſt la multiplication de 264 par 5. La multiplication compoſée eſt celle dont le multiplicateur a pluſieurs caractères : comme ſi on multiplie 85304 par 54.

On fera voir dans l'Algebre lorſqu'on parlera de la multiplication des grandeurs en général, exprimées par des lettres, que le produit de deux chiffres, comme 4 & 3, eſt toûjours le même, ſoit que l'on multiplie le premier par le ſecond, ſoit que l'on multiplie le ſecond par le premier.

Nous ſuppoſons que l'on ſçait les produits des neuf chiffres poſitifs 1, 2, 3, 4, 5, 6, 7, 8, 9, multipliez les uns par les autres : c'eſt une choſe néceſſaire avant que de paſſer plus loin. Nous allons donner une Table qui contient tous ces produits : les commençans ne doivent pas ſe ſervir de cette Table pour y chercher les produits, lorſqu'ils veulent faire une multiplication : elle doit ſervir plutôt à apprendre l'ordre de ces produits qu'il faut chercher ſoi-même, & les repaſſer pluſieurs fois dans ſon eſprit, afin de les retenir exactement.

TABLE POUR LA MULTIPLICATION.

1 fois 1 c'est 1			2 fois 1 font 2			3 fois 1 font 3		
1	2	2	2	2	4	3	2	6
1	3	3	2	3	6	3	3	9
1	4	4	2	4	8	3	4	12
1	5	5	2	5	10	3	5	15
1	6	6	2	6	12	3	6	18
1	7	7	2	7	14	3	7	21
1	8	8	2	8	16	3	8	24
1	9	9	2	9	18	3	9	27
4	1	4	5	1	5	6	1	6
4	2	8	5	2	10	6	2	12
4	3	12	5	3	15	6	3	18
4	4	16	5	4	20	6	4	24
4	5	20	5	5	25	6	5	30
4	6	24	5	6	30	6	6	36
4	7	28	5	7	35	6	7	42
4	8	32	5	8	40	6	8	48
4	9	36	5	9	45	6	9	54
7	1	7	8	1	8	9	1	9
7	2	14	8	2	16	9	2	18
7	3	21	8	3	24	9	3	27
7	4	28	8	4	32	9	4	36
7	5	35	8	5	40	9	5	45
7	6	42	8	6	48	9	6	54
7	7	49	8	7	56	9	7	63
7	8	56	8	8	64	9	8	72
7	9	63	8	9	72	9	9	81

DE LA MULTIPLICATION SIMPLE.

Quand on veut multiplier un nombre par un multiplicateur qui ne contient qu'un seul chiffre, il faut écrire le multiplicande, & mettre le multiplicateur au-dessous au rang des unitez, puis tirer une ligne sous le multiplicateur : ensuite on observera la regle suivante.

37. On commence cette opération par la droite, comme les deux précedentes ; c'est-à-dire, qu'on multiplie d'abord le chiffre qui est au rang des unitez du multiplicande, par le multiplicateur ; & si le produit de ce chiffre peut s'exprimer par un seul caractere, on l'écrit sous le rang des unitez : mais si ce produit ne peut être marqué que par deux chiffres, on met le dernier sous le rang des unitez, & on retient le premier pour l'ajoûter au produit des dixaines, sur lesquelles on opere de la même maniere, comme aussi sur les centaines, sur les mille, &c.

38. Remarquez que s'il y avoit un zero dans quelqu'un des rangs du multiplicande, il faudroit mettre au produit, dans le rang qui répondroit au zero, le chiffre qu'on auroit retenu de la multiplication précédente, si on avoit retenu quelque chose : mais si on n'avoit rien retenu, on ne pourroit écrire que zero à ce rang.

EXEMPLE I.

Soit le nombre 6723 à multiplier par 4. Après avoir disposé ces deux nombres comme nous avons dit, & avoir tiré une ligne ; je dis : quatre fois 3 font 12 ; je pose 2 sous 4, (ce 2 est le dernier des deux chiffres du produit 12,) & je retiens 1 pour l'ajoûter au produit des dixaines. Je multiplie en
suite 2 par 4, le produit est 8, auquel ajoûtant 1 que j'ai retenu, la somme est 9 que j'écris sous 2 ; après cela je passe au rang des centaines, en disant : 4 fois 7

$$\begin{array}{r} 6723 \\ 4 \\ \hline 26892 \end{array}$$

font 28 , j'écris le dernier chiffre 8 de ce produit fous 7 , & je retiens le premier qui eft 2 pour l'ajoûter au produit des mille ; enfin je dis : 4 fois 6 font 24 , & 2 que j'ai retenu font 26 , je pofe 6 fous le 6 , & j'avance 2 , c'eft-à-dire , que je l'écris avant le 6 : le produit total eft 26892.

Exemple II.

Soit le nombre 50207 à multiplier par 3. Après avoir écrit le multiplicateur 3 fous le multiplicande , je multiplie 7 par 3 , en difant : 3 fois 7 font 21 , je pofe 1 fous 7 , & je retiens 2. Enfuite je dis 3 fois 0 c'eft 0 ; mais ayant retenu 2 , je l'écris fous 0 * : puis je viens au 2 qui exprime des centaines , & je le multiplie par 3 , le produit eft 6 que je mets au-deffous ; puis je multiplie le 0 qui eft au rang des mille par 3 , le produit eft 0 que je mets au même rang dans le produit * ; parce que je n'ai rien retenu de la multiplication du chiffre précedent. Enfin je multiplie 5 par 3 , le produit eft 15 , je pofe 5 & je mets 1 au devant. Le produit total eft donc 150621.

$$
\begin{array}{r}
50207 \quad * \ 38. \\
3 \\
\hline
150621
\end{array}
$$

* 38.

DE LA MULTIPLICATION COMPOSE'E.

39. Lorfque le multiplicateur a plufieurs caracteres , on multiplie d'abord tout le multiplicande par le chiffre qui eft au rang des unitez du multiplicateur , felon la regle de la multiplication fimple. 2° On multiplie de même le multiplicande entier par le chiffre qui eft au rang des dixaines du multiplicateur , obfervant de mettre le dernier caractere de ce fecond produit au rang des dixaines. 3° S'il y a plus de deux chiffres au multiplicateur , on multiplie encore tout le multiplicande par le chiffre qui eft au rang des centaines du multiplicateur , mettant le dernier chiffre de ce troifiéme produit au rang des centaines. On continuë de

multiplier tout le multiplicande par chacun des chiffres du multiplicateur, & de mettre le dernier chiffre
de chaque produit au rang du chiffre, par lequel on
multiplie. Ces multiplications particulieres étant faites, on ajoûte tous les produits qui en viennent, &
la somme résultante est le produit total.

Nous entendons toûjours par le dernier chiffre,
celui qui est le plus à droite.

E X E M P L E I.

Soit le nombre 523407 à multiplier par 546. Pour
faire cette multiplication, 1°. Je multiplie tout le
multiplicande par 6 qui est au rang des unitez, & je
mets le produit qui en vient sous la
ligne ; en sorte que le dernier chiffre
réponde au rang des unitez du multiplicateur : 2° Je multiplie aussi le
multiplicande par 4 qui est au rang
des dixaines, écrivant le dernier
chiffre de ce produit au rang des dixaines : 3°. Je multiplie encore le
multiplicande par 5 , & j'écris le
dernier chiffre du produit qui en vient au rang des
centaines. Enfin je fais l'addition de tous les produits
particuliers, & la somme 285780222 est le produit
total.

$$
\begin{array}{r}
523407 \\
546 \\
\hline
3140442 \\
2093628 \\
2617035 \\
\hline
285780222
\end{array}
$$

E X E M P L E II.

S'il y avoit un ou plusieurs zeros au multiplicateur, il faudroit
de même multiplier les chiffres
du multiplicande par les zeros,
aussi-bien que par les chiffres positifs du multiplicateur , comme
on peut voir en cet exemple.

$$
\begin{array}{r}
52043 \\
7005 \\
\hline
260215 \\
00000 \\
00000 \\
364301 \\
\hline
364561215
\end{array}
$$

REMARQUES.

Remarques.

I.

40. Lorsqu'il y a des zeros au multiplicateur, comme dans cet exemple, les produits particuliers du multiplicande par ces zeros du multiplicateur, ne contiennent que des zeros : ce qui n'augmente pas le produit total, quand on vient à faire l'addition des produits particuliers ; c'est pourquoi on n'écrit ces zeros que pour garder le rang des chiffres des produits particuliers suivans; ainsi on pourroit n'écrire qu'un zero pour chacun des produits qui viennent quand on multiplie par zero, & mettre à côté, vers la gauche, le produit positif qui suit : on pourroit donc arranger les produits particuliers de la multiplication de l'exemple précedent, en cette façon.

$$\begin{array}{r} 52043 \\ 7005 \\ \hline 260215 \\ 36430100 \\ \hline 364561215 \end{array}$$

II.

41. Quoiqu'il soit indifférent de prendre l'un ou l'autre des deux nombres pour multiplicateur ; cependant on choisit ordinairement le plus petit, parce que y ayant pour lors moins de produits particuliers, la multiplication est plus commode.

DE LA PREUVE DE LA MULTIPLICATION.

42. La preuve de la multiplication se fait par l'opération opposée, je veux dire la division ; ensorte qu'on divise le produit par le multiplicateur, & si le quotient est égal au multiplicande, c'est une marque que la multiplication est bien faite : si-non il y a quelque erreur de calcul. En parlant de la preuve de la division, on verra pourquoi on se sert de la division pour prouver la multiplication.

43. Mais comme la division est plus difficile à faire que la multiplication, il paroît qu'il seroit plus à propos de refaire la multiplication d'une autre maniere, en prenant pour multiplicateur le nombre qui étoit multiplicande, à la place duquel on substitueroit celui qui étoit multiplicateur : pour lors il faudroit que le produit qui viendroit, en s'y prenant de cette maniere, fût égal à celui qu'on auroit eû d'abord : voici un exemple.

1305			426
426			1305
7830			2130
2610			12780
5220			426
555930			555930

44. Remarquez que la preuve d'une opération se peut toujours faire par l'opération contraire. Nous avons déja vû que la preuve de l'addition se fait par la soustraction, & que celle de la soustraction se faisoit par l'addition : nous venons de dire que la preuve de la multiplication se pouvoit faire par la division : nous verrons dans la suite que la division se prouve par la multiplication.

DEMONSTRATION DE LA MULTIPLICATION.

45. La regle prescrit de multiplier tous les chiffres du multiplicande par le multiplicateur, & par conséquent en suivant cette regle on trouvera le produit des unitez, des dixaines, des centaines, des mille, &c ; ainsi on aura le produit du multiplicande entier par le multiplicateur. Ce qu'il fal. dem.

* 56.   On verra dans la suite *, pourquoi dans la multiplication composée, il faut écrire le dernier chiffre de

chaque produit particulier au rang du chiffre par lequel on multiplie.

46. Nous avons dit que la multiplication se rapportoit à l'addition : c'est ce que l'on peut voir à présent ; en effet la multiplication n'est qu'une espece d'addition , dont les nombres à ajoûter sont égaux ; par exemple, multiplier 4850 par 225, c'est la même chose que si on écrivoit 4850 autant de fois qu'il est marqué par 225, en sorte que tous ces nombres égaux fussent les uns sous les autres, & qu'ensuite on fît l'addition, ce qui seroit fort long ; c'est pourquoi on a inventé la multiplication qui est une maniere abregée de faire cette sorte d'addition de nombres égaux.

La raison de cela, c'est que multiplier 4850 par 225, c'est prendre 4850 deux cens vingt-cinq fois ; & par conséquent c'est la même chose que si on avoit deux cens vingt-cinq nombres égaux chacun à 4850 desquels on chercheroit la somme par l'addition.

47. La multiplication sert à réduire les grandes especes à de plus petites qui y sont contenues exactement : ce qui se fait en multipliant le nombre des grandes especes par un autre nombre qui exprime combien de fois la petite est contenuë dans la grande : par exemple, pour sçavoir combien de livres valent 4203 Loüis d'or de 24 livres chacun ; il faut multiplier 4203 par le nombre 24 qui exprime combien de fois la livre est contenuë dans un Loüis d'or supposé de 24 livres.

De même pour réduire un nombre de pieds en pouces, il faut multiplier ce nombre de pieds par 12, parce que le pied contient 12 pouces.

Pour réduire aussi une somme de livres en sols, il faut multiplier la somme des livres par 20, parce qu'une livre vaut 20 sols.

Voici la raison de cet usage appliquée au premier

exemple : puifque le Loüis d'or vaut 24 livres, le nombre des livres contenu dans une fomme de Loüis doit
être vingt-quatre fois plus grand que le nombre des
Loüis d'or. Or, pour avoir un nombre qui foit vingt-
quatre fois plus grand que celui des Loüis, il faut
* 36. multiplier le nombre des Loüis par 24 *. C'eſt la même raifon pour les autres exemples.

48. Lorſque le multiplicande & le multiplicateur
font égaux, le produit ſe nomme *quarré* : par exemple,
fi on multiplie 532 par 532, le produit 283024 s'appelle quarré de 532 ; le quarré d'un nombre eſt donc
le produit de ce nombre multiplié par lui-même : le
quarré de 2 eſt 4, le quarré de 3 eſt 9, celui de 4 eſt
16, celui de 5 eſt 25, &c. Le nombre que l'on a multiplié pour avoir un quarré eſt appellé *racine quarrée* :
dans les exemples ci-deſſus, la racine quarrée de
283024 eſt 532, celle de 4 eſt 2, celle de 9 eſt 3,
celle de 16 eſt 4, celle de 25 eſt 5, &c.

MANIERE ABREGE'E DE FAIRE
la Multiplication en certains cas.

Il y a certains cas où l'on peut abréger la pratique
de la multiplication.

49. 1°. Quand le multiplicateur eſt l'unité ſuivie
d'un ou de pluſieurs zeros, on peut abréger l'opération en écrivant au produit le multipli-   5032
cande, & en mettant à la fin autant de   100
zeros qu'il y en a au multiplicateur,   ———————
comme dans cet exemple.   503200

50. 2°. Quoiqu'il y ait au multiplicateur des chiffres
différens de l'unité ſuivis d'un ou de pluſieurs zeros,
on peut toûjours abréger l'opération en multipliant
le multiplicande par les chiffres poſitifs du multiplicateur, & mettant les zeros à la fin de la ſomme totale
des produits particuliers : en voici des exemples.

$$
\begin{array}{r}
7203 \\
40 \\
\hline
288120
\end{array}
\qquad\qquad
\begin{array}{r}
2045 \\
3600 \\
\hline
12270 \\
6135 \\
\hline
7362000
\end{array}
$$

51. 3°. Enfin s'il y avoit des chiffres poſitifs ſuivis de zeros à la fin tant du multiplicateur que du multipli- cande, il faudroit faire la multiplication comme s'il n'y avoit point de zeros à la fin de l'un, ni de l'autre, & ajoû- ter au produit total la ſomme des zeros qui ſe trouveroient après tous les chiffres poſitifs du multiplicande & du multi- plicateur : voici un exemple.

$$
\begin{array}{r}
5302000 \\
6400 \\
\hline
21208 \\
31812 \\
\hline
33932800000
\end{array}
$$

S'il n'y avoit des zeros qu'à la fin du multiplicande, on voit bien qu'on pourroit encore a- bréger l'opération de la même maniere, en mettant les zeros du multiplicande à la fin du produit total. Exemple.

$$
\begin{array}{r}
5302000 \\
64 \\
\hline
21208 \\
31812 \\
\hline
339328000
\end{array}
$$

52. Remarquez qu'il ne s'agit ici uniquement que des zeros qui ſont après tous les chiffres poſitifs du multiplicande & du multiplicateur ; c'eſt pourquoi le zero, qui dans l'exemple précedent eſt entre le 3 & le 2 du multiplié, ne doit pas être mis à la fin du pro- duit total : mais on doit opérer ſur lui ſelon les re- gles ordinaires.

53. Afin d'entendre les raiſons de toutes ces manie- res abrégées de faire la multiplication, il faut ſçavoir qu'en mettant un zero à la fin d'un nombre, on le

rend dix fois plus grand ; si on en met deux , on le rend cent fois plus grand ; si on en met trois , on le rend mille fois plus grand , &c. Par exemple , en écrivant un zero à la fin de 5032 , il vient 50320 qui vaut dix fois plus que le premier : car dans ce nombre 50320 , le 2 vaut des dixaines , le 3 des centaines , le 5 des dixaines de mille ; au lieu que dans le premier nombre 5032 le 2 ne vaut que des unitez , le 3 que des dixaines , le 5 que des mille ; il est donc évident que chaque chiffre du second nombre vaut dix fois plus que dans le premier. Si on mettoit deux ze-ros à la fin de 5032 , chaque chiffre vaudroit cent fois plus, si on en mettoit trois, il vaudroit mille fois plus , &c.

54. De-là il suit selon le premier cas , que pour multiplier 5032 par 100 , il n'y a qu'à écrire à la fin du multiplicande les deux zeros du multiplicateur : car le produit de 5032 par 100 est un nombre cent fois plus grand que 5032. * Or en écrivant deux zeros à la fin du multiplicande 5032 , on rend ce nombre cent fois plus grand.

* 36.

55. C'est par le même principe qu'on rend raison du second cas : car quand on a multiplié 2045 par 36 , le produit 73620 s'est trouvé cent fois plus petit que le véritable , parce que ce n'étoit pas par 36 qu'il fal-loit multiplier , mais par 3600 qui est cent fois plus grand que 36 ; il falloit donc rendre le produit 73620 cent fois plus grand ; & par conséquent il a fallu y ajoûter à la fin les deux zeros du multiplicateur.

56. Il suit de-là que dans la multiplication compo-sée , il faut écrire le dernier chiffre de chaque produit particulier, au rang du chiffre par lequel on multiplie : par exemple , si le multiplicateur est 546 , il faut met-tre le dernier chiffre du troisiéme produit particulier au rang des centaines : car le multiplicateur qui a for-

mé ce troisiéme produit est le chiffre 5 qui signifie 500 ; par conséquent après avoir multiplié par 5 , il faut ajoûter deux zeros au produit. Or , en écrivant le dernier chiffre au rang des centaines , on fait la même chose que si on ajoûtoit deux zeros au produit.

57. Le troisiéme cas se démontre aussi comme les deux premiers. Supposez , par exemple , qu'on veuille multiplier 340 par 400 : si on multiplioit les chiffres positifs du multiplicande par celui du multiplicateur , & qu'au produit 136 , on ajoûtat seulement les deux zeros du multiplicateur , le nombre 13600 ne seroit le produit que de 34 par 400. Or ce n'étoit pas seulement 34 qu'il falloit multiplier , c'étoit 340 qui est dix fois plus grand ; par conséquent le produit 13600 est dix fois trop petit ; il faudroit donc le rendre dix fois plus grand ; & par conséquent mettre à la fin le zero qui est au dernier rang du multiplicande.

COROLLAIRE I.

58. Il suit du troisiéme cas que quand on multiplie un chiffre par un autre , il y a après le produit autant de rangs , qu'il y en a tant après le chiffre multiplié , qu'après celui du multiplicateur , par exemple si on multiplie 50000 par 300 , il faut qu'il y ait , après le produit des chiffres positifs , autant de zeros qu'il y en a tant après 5 qu'après 3 , c'est-a-dire six ; ainsi le vrai produit de 50000 par 300 est 15000000.

Cela n'est pas seulement vrai lorsque les chiffres sont suivis d'un zero , comme dans l'exemple proposé ; mais aussi quand ils sont suivis d'autres chiffres : supposez qu'on ait à multiplier 57902 par 364 , il se trouvera dans le produit total six rangs après le produit partiel du 5 premier chiffre du multiplicande par le 3 du multiplicateur , puisque dans le multiplié le 5 signifie réellement 50000 , & que dans le multiplicateur

c iv

le 3 exprime auſſi 300. Par la même raiſon le produit partiel du troiſiéme chiffre 9 par le ſecond 6, ſera auſſi ſuivi de trois rangs dans le produit total, parce qu'il y en a deux dans le multiplié après 9, & un dans le multiplicateur après 6.

C O R O L L A I R E II.

59. Si on multiplioit le nombre 57902 par lui-même, le quarré particulier de chaque chiffre auroit après lui, dans le quarré total, le double de rangs qu'il y en a après ce chiffre dans le nombre : par exemple, le quarré particulier de 5 auroit le double de quatre, c'eſt-à-dire, huit rangs après lui dans le quarré total du nombre 57902, parce que 5 a quatre rangs après lui dans ce nombre. De même le quarré particulier de 7 auroit le double de 3 , c'eſt-à-dire, ſix rangs après lui dans le quarré total du même nombre 57902, parce qu'il y a trois rangs après le 7 dans ce nombre ; ainſi des autres. C'eſt une ſuite évidente du précédent corollaire ; car le même nombre étant multiplicande & multiplicateur , il y a autant de rangs après le chiffre qu'on multiplie , qu'après celui qui ſert de multiplicateur , puiſque c'eſt le même chiffre du même nombre ; ainſi dans l'exemple propoſé, y ayant quatre rangs après le 5 conſideré comme multiplicande , il y en a auſſi quatre après ce même 5 conſideré comme multiplicateur ; par conſéquent il doit y avoir huit rangs dans le quarré total après le produit de 5 par 5 , c'eſt-à-dire , le quarré particulier de 5. C'eſt la même raiſon pour le 7 & les autres chiffres ſuivans.

C O R O L L A I R E III.

60. Le produit de deux nombres contient ſouvent autant de chiffres qu'il y en a tant au multiplicande qu'au multiplicateur , il en contient quelquefois un de

moins ; mais il ne peut jamais en contenir plus. Ainſi le produit qui vient de la multiplication de deux nombres dont l'un à trois chiffres , & l'autre deux , peut être compoſé de cinq chiffres , ou ſeulement de quatre , mais il ne peut en avoir ſix. Par exemple le produit de 999 par 99 à cinq chiffres : mais quoique le multiplicande & le multiplicateur contiennent les plus grands chiffres qu'il ſoit poſſible , le produit ne peut avoir ſix chiffres : car le produit de 999 par 99 eſt moindre que celui de 999 par 100. Or le produit de 999 par 100 eſt 99900 qui ne contient que cinq chiffres ; par conſéquent le produit de deux nombres dont l'un eſt compoſé de trois chiffres & l'autre de deux ne peut en contenir plus de cinq. Il eſt pareillement certain que le produit de deux nombres dont l'un à trois chiffres , & l'autre deux , peut n'en contenir que quatre : tels ſont les produits de 999 par 10 , & de 345 par 26.

Nous n'avons parlé juſqu'à préſent que de la multiplication des nombres incomplexes; nous ne traiterons de celle des nombres complexes qu'après la diviſion , parce que nous nous ſervirons de la diviſion pour trouver le produit de ces ſortes de nombres.

DE LA DIVISION.

61. Diviſer un nombre par un autre , c'eſt chercher combien de fois le ſecond eſt contenu dans le premier : par exemple , diviſer 18 par 6 , c'eſt chercher combien de fois 6 eſt contenu dans 18. Pour faire cette opération , on dit : en 18 combien de fois 6 , on trouve qu'il y eſt contenu trois fois ; ainſi 3 exprime combien de fois 6 eſt contenu dans 18. Il y a donc trois choſes à diſtinguer dans la diviſion , ſçavoir le *dividende* , le *diviſeur* & le *quotient*. Le dividende eſt le nombre à diviſer : le diviſeur eſt celui par lequel on diviſe ; & le quotient eſt le nombre qui marque com-

bien de fois le diviseur est contenu dans le dividende :
dans l'exemple proposé, 18 est le dividende, 6 est le
diviseur, & 3 est le quotient.

On peut donc définir la division, une opération par
laquelle on trouve un nombre, qu'on appelle quotient, qui marque combien de fois le dividende contient le diviseur : si on divise 30 par 5, on trouve pour
quotient 6, qui marque combien de fois le dividende
30 contient le diviseur 5, c'est-à-dire six fois

62. Il suit de cette définition, que dans la division
le dividende contient autant de fois le diviseur que le
quotient contient l'unité : dans l'exemple qu'on vient
de proposer, le dividende 30 contient le diviseur autant de fois que le quotient 6 contient l'unité ; car le
quotient qui marque toûjours combien de fois le dividende contient le diviseur étant ici 6, le dividende 30
contient 6 fois le diviseur 5 ; de même que le quotient
6 contient six fois 1.

63. On distingue deux sortes de divisions, la *simple*
& la *composée*. La division simple est celle dont le diviseur ne contient qu'un seul chiffre. La division composée est celle dont le diviseur en contient plusieurs.
Nous parlerons d'abord de la simple, & ensuite de la
composée.

Nous supposons qu'on sçait diviser tout nombre
plus petit que 90 par les neuf chiffres positifs, 1,2,3,4,
&c. Pour cela il n'y a qu'à sçavoir la Table de la multiplication : car si on connoît, par exemple, que 8
fois 6 font 48, on connoîtra par conséquent que 6
est contenu huit fois dans 48. Il faut donc bien sçavoir cette Table pour faire la division ; c'est pourquoi
ceux qui ne la sçavent pas exactement par mémoire,
doivent l'apprendre avant de commencer cette opération qui est la plus difficile des quatre.

DE LA DIVISION SIMPLE.

Pour faire la division, on écrit le diviseur à côté du dividende vers la droite, & on tire une ligne au-desfous de l'un & de l'autre, laquelle on coupe par un crochet que l'on met entre le dividende & le diviseur pour les féparer, comme on voit à la page fuivante : & l'orfqu'on fait la division, on place les chiffres du quotient fous le diviseur à mefure qu'on les trouve. On pourroit difpofer autrement le diviseur & le quotient à l'égard du dividende ; mais il est bon de s'accoûtumer à les difpofer toûjours de la même maniere. Après ces préparations on obferve les regles fuivantes.

64. 1°. On prend le premier chiffre du dividende, c'eft-à-dire, le plus à gauche, (car c'eft de ce côté qu'on commence la division ; au lieu que les trois premieres opérations fe font en commençant vers la droite ;) on prend, dis-je, le premier chiffre du dividende, & on confidere combien de fois le diviseur y eft contenu, pour écrire enfuite au quotient le caractere qui exprime combien de fois le diviseur eft contenu dans le premier chiffre du dividende. Si le premier chiffre du nombre à diviser étoit plus petit que le diviseur, on prendroit les deux premiers, & on écriroit de même au quotient le caractere qui marqueroit combien de fois le diviseur eft contenu dans ces deux premiers chiffres du dividende. Cette premiere opération s'appelle proprement la division.

65. 2°. On multiplie le diviseur par le chiffre qu'on vient d'écrire au quotient, pour en avoir le produit.

66. 3°. Enfin quand on a trouvé ce produit, on le fouftrait du premier, ou des deux premiers chiffres du dividende, fi on a operé fur deux.

67. Après avoir fait la fouftraction, on abbaiffe le chiffre fuivant du nombre à diviser à côté du refte, s'il y en a, & on opere fur ce refte augmenté du chif-

fre abbaiſſé, comme on a operé ſur le premier, ou les deux premiers chiffres du nombre à diviſer, y appliquant les trois regles que nous venons de preſcrire : on continue toujours de la même maniere juſqu'à ce qu'on ait operé ſur tous les chiffres du dividende, après quoi la diviſion eſt achevée.

68. Remarquez que ſi le diviſeur n'étoit point contenu dans le chiffre ſur lequel on opere, il faudroit mettre zero au quotient ; auquel cas la multiplication & la ſouſtraction marquées par la ſeconde & la troiſiéme regle deviendroient inutiles.

Tout cela s'éclaircira par des exemples.

E X E M P L E I.

Soit le nombre 9408 à diviſer par 4 : après avoir placé le dividende & le diviſeur, & tiré des lignes, comme nous l'avons marqué, je dis : en 9 combien de fois 4 ? 2 fois ; je mets donc 2 au quotient : enſuite, ſelon la ſeconde regle, je multiplie le diviſeur 4 par 2, ce qui donne 8 : enfin je ſouſtrais, par la troiſiéme regle, ce produit 8 de 9, il reſte 1 que j'écris ſous 9 : voilà donc déja les trois regles qui ont été obſervées ſur le premier caractere du nombre à diviſer.

J'abbaiſſe enſuite le 4 à côté du reſte 1, & j'opere ſur ces deux chiffres, comme j'ai fait ſur le premier ; je dis donc : en 14 combien de fois 4 ? 3 fois ; je mets 3 au quotient à la ſuite du 2 : après quoi je multiplie 4 par 3, le produit eſt 12 que je ſouſtrais de 14, le reſte eſt 2 que j'écris ſous le 4 du dividende.

$$\begin{array}{r|l} 9408 & 4 \\ \hline 14 & 2352 \\ 20 & \\ 08 & \\ 0 & \end{array}$$

J'abbaiſſe encore le chiffre ſuivant du dividende qui eſt zero que je mets à côté du ſecond reſte 2, ce qui fera 20 : auquel nombre j'applique les trois regles ; je dis donc : en 20 combien de fois 4 ? 5 fois ; je poſe 5 au quotient, & je multiplie 4 par 5 ; le produit eſt 20 que je ſouſtrais de 20, il ne reſte rien.

Enfin j'abbaisse 8 sur lequel je fais les mêmes opérations, en disant : en 8 combien de fois 4 ? 2 fois ; je pose 2 au quotient, & je multiplie 4 par 2, le produit est 8 que je souftrais du 8 abbaissé, il ne reste rien. Tous les chiffres du nombre à diviser ayant été abbaissés, la division est faite, & le quotient est 2352.

69. Les chiffres du dividende dans lesquels on cherche à chaque fois combien le diviseur est contenu, s'appellent *membres* de la division ou du dividende ; on peut les nommer aussi *dividendes partiels* ; ainsi dans l'exemple proposé 9 est le premier membre ou le premier dividende partiel, 14 est le second, 20 le troisième, & 8 le quatrième.

REMARQUES.

I.

70. On doit prendre pour premier membre de la division, un nombre qui soit au moins aussi grand que le diviseur ; c'est pourquoi si en prenant autant de chiffres dans le dividende qu'il y en a dans le diviseur (c'est-à-dire, le premier lorsque la division est simple, & les premiers quand elle est composée,) cela ne fait point une somme égale au diviseur, il faut prendre un chiffre de plus pour premier membre : on en verra plusieurs exemples dans la suite.

Pour avoir le second membre, il faut abbaisser le chiffre qui suit celui ou ceux qui ont servi de premier membre pour le mettre à la suite du reste de la première soustraction ; & ce reste, s'il y en a, augmenté du chiffre abbaissé, sera le second membre de la division. Dans l'exemple précedent après la première soustraction on a descendu le 4 du dividende à côté du reste 1 : ce qui a donné 14 pour le second membre. On fait de même pour avoir chacun des autres membres, c'est-à-dire, qu'on abbaisse le chiffre qui suit ceux qui ont déja servi, on l'abbaisse, dis-je, à côté du reſte de la ſouſtraction précedente, & ce reſte, s'il y en a, augmenté du chiffre abbaiſſé, donnera le membre cherché.

S'il ne reſtoit rien après la ſouſtraction faite ſur un des membres, alors le ſeul chiffre abbaiſſé ſeroit le membre ſuivant; c'eſt ce qui eſt arrivé dans l'exemple précedent, dont le 8 ſeul a été le quatriéme membre, parce qu'il n'eſt rien reſté après la ſouſtraction du troiſiéme.

II.

71. A meſure qu'on deſcend quelque chiffre, il eſt à propos de l'effacer par un petit trait oblique dans le nombre à diviſer, afin de ne point confondre ceux qui ont été abbaiſſez avec les ſuivans, comme il pourroit arriver, ſur-tout quand il y a pluſieurs chiffres de ſuite du dividende qui ſont égaux. En faiſant la diviſion des exemples ſuivans, nous ne rappellerons pas cette remarque, lorſqu'il faudra en faire l'application de peur de trop allonger le diſcours.

III.

72. Pour s'aſſurer ſi on ne s'eſt point trompé dans la diviſion, il faut, après l'avoir achevée, multiplier le diviſeur par le quotient, ou le quotient par le diviſeur, & ajoûter au produit le reſte que l'on a trouvé à la fin de la diviſion, s'il y en a; la ſomme du produit & du reſte eſt égale au dividende, ſi la diviſion eſt bien faite; s'il n'y a point de reſte, le produit ſeul doit être égal au dividende: ainſi dans l'exemple précedent, il faut multiplier le quotient 2352 par 4, & le produit 9408 étant égal au dividende, c'eſt une marque que l'opération eſt bien faite.

IV.

73. On ne peut jamais mettre plus de 9 au quotient, pour chacun des membres de la diviſion. On donnera dans la ſuite la raiſon des deux dernieres remarques.

La définition précedente & les quatre remarques ont lieu dans la division composée, comme dans la division simple.

Afin de faire mieux entendre l'application des regles de la division, nous distinguerons les differens membres, & nous appliquerons les trois regles à chacun de ces membres en particulier.

EXEMPLE II.

Soit le nombre 302045 à diviser par 6.

Premier Membre de la Division.

Voyant que le premier chiffre 3 du dividende est plus petit que le diviseur 6, je prends 30 pour premier membre selon la premiere remarque *; & je dis : en 30 combien de fois 6 ? 5 fois; je pose donc 5 au quotient; & je multiplie 6 par 5, le produit est 30, qui étant ôté du premier membre, il ne reste rien.

*70.

Second Membre.

J'abbaisse le 2 du dividende qui sera seul le second membre de la division, après quoi je dis : en 2 combien de fois 6 ? mais le diviseur n'étant pas contenu dans le dividende partiel qui est 2, j'écris o au quotient * : la multiplication du diviseur par o, & la soustraction étant inutiles, il restera 2.

* 68.

Troisiéme Membre.

Je transporte le chiffre suivant du dividende, qui est o, à côté du reste 2; ce qui donnera 20 pour le troisiéme membre ; je dis ensuite : en 20 combien de fois 6 ? 3 fois; je pose 3 au quotient, & je multiplie 6 par 3 : le produit 18 étant ôté de 20, il reste 2 qu'il faut écrire sous o.

$$\begin{array}{r|l} 302045 & 6 \\ \hline 20 & 50340 \\ 24 & \\ (5 & \end{array}$$

Quatriéme Membre.

Je deſcends le 4 du dividende à côté du reſte 2 : ce qui fait 24 pour le quatriéme membre ; je dis donc : en 24 combien de fois 6 ? 4 fois : je poſe 4 au quotient ; & ayant multiplié 6 par 4 , je ſouſtrais le produit 24 de ce quatriéme membre, il ne reſte rien.

Cinquiéme Membre.

Enfin j'abbaiſſe le 5 du dividende qui fera ſeul le cinquiéme membre , n'y ayant point eu de reſte du précedent ; je dis donc : en 5 combien de fois 6 ? le diviſeur n'étant pas contenu dans ce membre, je mets zero au quotient * ; mais la multiplication & la ſouſtraction étant pour lors inutiles, il reſte 5 du dividende * 68. qu'il faut ſéparer par un petit arc , & la diviſion eſt achevée.

EXEMPLE III.

Soit le nombre 3780269 à diviſer par 7. Nous ne mettons ce troiſiéme exemple qu'à cauſe des deux zeros qu'il faut écrire de ſuite au quotient ; c'eſt pourquoi nous n'expliquerons que ce qui regarde ces deux zeros ; car on verra aſſez comment doit ſe pratiquer le reſte de la diviſion , après ce qui a été dit dans les exemples précedens.

Dans cet exemple , après avoir mis le premier zero au quotient, on deſcend le 2 à la droite du zero du dividende, lequel zero avoit été abbaiſſé auparavant, & on cherche combien de fois le diviſeur 7 eſt contenu dans le 2 qui eſt le quatriéme membre : mais comme le diviſeur n'eſt point contenu dans ce membre, on met un ſecond zero au quotient ; enſuite on abbaiſſe le 6 du dividende à côté du 2 ; ce qui

$$\left.\begin{array}{l} 3780269 \\ \overline{\quad 28 \quad} \\ 0026 \\ 59 \\ (3 \end{array}\right\{ \begin{array}{l} 7 \\ \overline{\quad\quad} \\ 540038 \end{array}$$

qui donne 26 pour le cinquiéme membre ; on cherche donc combien de fois le diviſeur eſt contenu dans 26 ; & comme il y eſt contenu 3 fois, on écrit 3 au quotient, & on fait tout le reſte comme dans les exemples précedens.

Nous n'avons pas écrit le produit du diviſeur par chacun des chiffres du quotient pour en faire la ſouſtraction : ainſi dans le ſecond exemple après avoir mis au quotient le premier chiffre 5, on a multiplié le diviſeur 6 par 5 : ce qui a donné le produit 30 que l'on a ſouſtrait du premier membre 30, ſans l'avoir écrit au-deſſous de ce membre, comme on auroit pû faire : mais dans la diviſion compoſée nous écrirons toujours ces produits ſous les membres dont ils doivent être ſouſtraits, afin que l'on ſoit moins expoſé à faire des fautes de calcul dans la ſouſtraction : ce qui arriveroit plus facilement que dans la diviſion ſimple où les produits ſont fort petits, n'étant jamais compoſez de plus de deux chiffres.

Avant que de paſſer à la diviſion compoſée, il eſt à propos de refaire pluſieurs fois les exemples que l'on vient de donner, & ſur-tout le ſecond & le troiſiéme qui contiennent des zeros au quotient ; on doit auſſi ſe donner des exemples : & afin de voir ſi on ne ſe trompe point dans l'application des regles, il faut multiplier un nombre, tel qu'on voudra, par un ſeul caractere, & prenant le produit qui en viendra pour dividende, & le multiplicateur pour diviſeur, il doit venir au quotient le même nombre qui a ſervi de multiplicande ; ainſi il ſera facile de voir ſi on ſe trompe en faiſant la diviſion. On peut faire la même choſe pour la diviſion compoſée, pourvû que le multiplicateur contienne pluſieurs chiffres.

d

DE LA DIVISION COMPOSÉE.

Nous avons dit que lorſqu'il y a pluſieurs chiffres au diviſeur, pour lors la diviſion étoit appellé compoſée.

74. On trouve les différens membres de cette diviſion de la maniere qui a été expliquée *, & on applique ſur chacun les trois regles de la diviſion ſimple, c'eſt-à-dire, qu'il faut 1°. chercher combien de fois le diviſeur eſt contenu dans chaque membre de la diviſion, & écrire au quotient le caractere qui marque combien de fois le diviſeur entier eſt contenu dans le membre ſur lequel on opere ; 2°. multiplier tout le diviſeur par le caractere qu'on vient d'écrire au quotient ; 3°. ôter le produit de cette multiplication du dividende partiel. Nous allons faire des remarques & donner des exemples de la diviſion compoſée, qui feront concevoir comment ſe fait l'application de ces regles.

*70.

REMARQUES.

I.

75. Lorſqu'on veut faire une diviſion compoſée, il ne faut pas chercher combien de fois le diviſeur entier eſt contenu dans le membre de la diviſion ſur lequel on opere ; cela demanderoit une trop grande étendue d'eſprit : par exemple, ſi on veut diviſer 27605 par 84, il ne faut pas chercher combien de fois le diviſeur entier 84 eſt contenu dans 276 qui eſt le premier membre : mais concevant que le diviſeur eſt ſous le dividende partiel, (ſans l'y écrire effectivement) en ſorte que le dernier chiffre du diviſeur réponde au dernier chiffre de ce dividende partiel en cette maniere $\frac{276}{84}$; il faut voir combien de fois le premier chiffre du diviſeur eſt contenu dans celui ou ceux auſquels il répond : dans cet exemple, 8 répond à 27, parce que n'y ayant aucun chiffre du diviſeur avant 8, il eſt

cenſé répondre non-ſeulement à 7 qui eſt préciſément au-deſſus, mais auſſi à 2 qui joint au 7 fait 27; on doit donc chercher combien de fois 8 eſt contenu dans 27, en diſant : en 27 combien de fois 8 ?

II.

76. Après avoir trouvé combien de fois le premier chiffre du diviſeur eſt contenu dans le chiffre ou les chiffres auſquels il répond, il ne faut pas mettre d'abord au quotient le caractere qui exprime combien de fois le premier chiffre du diviſeur eſt contenu dans celui ou ceux auſquels il répond; il faut auparavant faire l'épreuve. Or cette épreuve conſiſte à multiplier le diviſeur entier par le caractere qu'on vouloit mettre au quotient, & ſi le produit de cette multiplication n'eſt pas plus grand que le dividende partiel ; le chiffre éprouvé eſt bon, & doit être mis au quotient : dans l'exemple propoſé , après avoir trouvé que 8 eſt contenu 3 fois dans les chiffres correſpondans 27 ; il faut faire l'épreuve ; c'eſt-à-dire, multiplier le diviſeur entier 84 par 3 , & le produit 252 n'étant pas plus grand que le premier membre 276, on doit mettre 3 au quotient : mais ſi le produit du diviſeur par le chiffre éprouvé 3 , avoit été plus grand que le dividende partiel, il auroit fallu éprouver 2 moindre que 3 d'une unité ; & ſi en multipliant le diviſeur par 2 , le produit eût encore été plus grand que le dividende partiel , il auroit fallu mettre au quotient 1 moindre que 2 d'une unité. En un mot, il faut diminuer toujours d'une unité le chiffre éprouvé, juſqu'à ce que le produit du diviſeur par le chiffre éprouvé ne ſoit pas plus grand que le membre ſur lequel on opere , afin que ce produit puiſſe en être ôté.

On doit écrire à part toutes les multiplications que l'on fait pour les épreuves; par ce moyen les épreuves qu'on a faites pour les premiers chiffres du quotient pourront ſervir pour les ſuivans.

III.

77. S'il arrivoit qu'en multipliant le diviseur par 1, le produit ne pût être ôté du dividende partiel, ou si le diviseur étoit plus grand que le dividende partiel, (ce qui revient au même,) ce seroit une marque qu'on ne pourroit mettre que zero au quotient pour ce membre, auquel cas on négligeroit la multiplication & la soustraction, parce qu'elles seroient inutiles, comme on l'a déja remarqué pour la division simple.

Ces trois remarques sont pour tous les membres de la division composée, excepté le premier sur lequel la troisiéme remarque n'a point d'application.

E X E M P L E I.

Soit le nombre 27605 à diviser par 84.

Premier Membre.

Les deux premiers chiffres du dividende faisant un nombre moindre que le diviseur, je prends les trois premiers, sçavoir 276 pour le premier membre, sous lequel concevant le diviseur comme il a été dit dans la premiere remarque sur la division compo-*75. sée* , je cherche combien de fois 8 est contenu dans les chiffres correspondans 27 ; & voyant qu'il y est contenu 3 fois, je multiplie le diviseur entier 84 par 3, le produit est 252, lequel étant moindre que le premier membre 276, je mets 3 au quotient. Voilà déja l'application de la premiere regle faite sur le premier membre.

Après avoir mis 3 au quotient, je devrois multiplier, selon la seconde regle, le diviseur 84 par le chiffre 3 que j'ai mis au quotient ; mais comme j'ai déja trouvé le produit en faisant l'épreuve, j'écris simplement ce produit sous le premier membre ; en sorte que le dernier chiffre du produit soit sous le dernier chiffre du premier membre en cette maniere $\frac{276}{252}$.

Enfin j'applique la troiſiéme regle en ôtant, ſelon la méthode ordinaire de la ſouſtraction, le produit 252 du dividende partiel 276 ; cette ſouſtraction étant faite, le reſte ſera 24, & l'opération ſera achevée ſur le premier membre. On cherche enſuite le ſecond ſur lequel on opere de la même maniere, auſſi-bien que ſur les ſuivans, comme on le verra dans la ſuite.

Second Membre.

Le reſte du premier membre eſt 24, à côté duquel j'abbaiſſe le chiffre ſuivant du dividende qui eſt o : ce qui donne 240 pour le ſecond membre, ſous lequel concevant le diviſeur 84 diſpoſé comme il faut *, je * 75. cherche combien de fois 8 eſt contenu dans 24, qui eſt le nombre auquel il répond : comme je vois qu'il y eſt contenu 3 fois, j'éprouve le 3 en multipliant le diviſeur par 3, le produit 252 eſt plus grand que 240 : ainſi le 3 n'eſt pas bon. Je dois donc le diminuer d'une unité, il reſtera 2 qu'il faut auſſi éprouver en multipliant le diviſeur par 2. Or en faiſant cette multiplication, je trouve le produit 168 qui eſt moindre que 240 ; par conſéquent je dois mettre 2 au quotient à côté du 3 : enſuite la multiplication du diviſeur par ce 2 étant toute faite, j'écris le produit 168 ſous 240, les unitez ſous les unitez, les dixaines ſous les dixaines, &c. comme il faut toûjours l'obſerver ; & faiſant enſuite la ſouſtraction, je trouve le reſte 72.

$$
\begin{array}{r|l}
27605 & 84 \\
\hline
252 & 328 \\
\hline
240 & \\
168 & \\
\hline
725 & \\
672 & \\
\hline
53 &
\end{array}
$$

Troiſiéme Membre

J'abbaiſſe le chiffre ſuivant du dividende, ſçavoir 5, vis-à-vis du reſte 72 ; ainſi le troiſiéme & dernier membre eſt 725, ſous lequel concevant le diviſeur placé comme il faut *, je vois que le 8 répond à 72 ; * 75.

je cherche donc combien de fois 8 est contenu dans 72, & voyant qu'il y est 9 fois, j'éprouve le 9, c'est-à-dire, que je multiplie le diviseur par 9; mais le produit 756 étant plus grand que 725, le 9 n'est pas bon; j'éprouve donc le 8 moindre d'une unité que 9: or le produit du diviseur par 8 est 672 moindre que 725; je pose donc 8 au quotient, & j'écris ce produit 672 sous 725 pour faire la soustraction, laquelle étant achevée, le reste est 53 que je sépare par un petit arc, afin de le distinguer des autres chiffres; ce qui étant fait, la division est entierement finie, parce qu'il n'y a plus de chiffre a abbaisser dans le dividende.

EXEMPLE II.

Soit le nombre 4797865 à diviser par 369.

Premier Membre.

Le diviseur n'étant pas plus grand que les trois premiers chiffres du dividende, sçavoir 479, ce nombre est le premier membre de la division, sous lequel concevant le diviseur en cette maniere $\frac{479}{369}$, le 3 du diviseur répondra au 4 du dividende partiel; je dis donc en 4 combien de fois 3? une fois, j'écris 1 au quotient, parce que je vois que le produit du diviseur par 1 étant égal au diviseur même, n'est pas plus grand que 479: ensuite je mets le produit du diviseur par 1, c'est-à-dire, 369 sous le premier membre 479, les unitez sous les unitez, &c. après quoi je fais la soustraction qui me donne pour reste 110.

$$
\begin{array}{r}
4797865 \\
\hline
369 \\
\hline
1107 \\
1107 \\
\hline
00865 \\
738 \\
\hline
(127
\end{array}
\left\{
\begin{array}{l}
369 \\
\hline
13002
\end{array}
\right.
$$

Second Membre.

Au reste 110 je joins le chiffre suivant du dividende, sçavoir 7, en l'abbaissant à côté de 110, ce qui fait 1107 pour second membre, sous lequel conce-

vant le diviseur placé comme il faut *, le premier *75.
chiffre 3 du diviseur répondra sous 11 ; je dis donc :
en 11 combien de fois 3 ? il y est 3 fois ; c'est pourquoi
j'éprouve le 3 , en multipliant le diviseur par 3 : le
produit est 1107, lequel n'étant pas plus grand que
le dividende partiel ; je pose 3 au quotient, & j'écris
le produit 1107 sous le dividende partiel , pour faire
la soustraction , laquelle étant achevée il ne reste rien.

Troisiéme Membre.

J'abbaisse le 8 qui est sous le troisiéme membre ,
parce qu'il n'est rien resté du second. Ce troisiéme
membre étant plus petit que le diviseur , je dois mettre o au quotient ; ainsi la multiplication & la soustraction sont inutiles , & par conséquent le reste du troisiéme dividende partiel est 8.

Quatriéme Membre.

Je descends le chiffre suivant du dividende , sçavoir
6 , vis-à-vis du reste 8 : ce qui donne 86 pour le quatriéme membre ; lequel étant encore plus petit que le
diviseur , je mets un second o au quotient, & le reste
de ce membre est 86.

Cinquiéme Membre.

Enfin ayant abbaissé le dernier chiffe du dividende
qui est 5 à côté du reste 86, il vient 865 pour cinquiéme
& dernier membre , sous lequel concevant le diviseur
placé comme il faut , le 3 du diviseur répondra au 8 ;
je dis donc : en 8 combien de fois 3 ? 2 fois ; ainsi je
multiplie le diviseur par 2, le produit est 738 qui étant
moindre que 865, je pose 2 au quotient, & j'écris le
produit 738 sous 865 pour faire la soustraction , après
laquelle il reste 127 que je sépare par un petit arc ,
& la division est achevée.

Voici encore deux exemples de la division composée, que nous donnons sans nous arrêter à les expliquer comme nous avons fait les précedens.

EXEMPLE III.

$$
\begin{array}{l}
2569472 \left\{ \begin{array}{l} 2953 \\ 870 \end{array} \right. \\[2mm]
23624
\end{array}
$$

20707
20671
   (362 reste

Preuve de cette divi-
sion.

2953
  870

0000
20671
23624
   362 reste

2569472

EXEMPLE IV.

$$
\begin{array}{l}
2812507488o \left\{ \begin{array}{l} 3906 \\ 7200480 \end{array} \right. \\[2mm]
27342
\end{array}
$$

7830
7812

0018748
 15624

  31248
  31248

    ooo

Preuve de cette divi-
sion.

3906
7200480

0000
31248
15624
0000
0000
7812
27342

2812507488o

REMARQUES.

I.

78. Si on appercevoit qu'après avoir fait la soustraction, le reste fût plus grand ou égal au diviseur,
ce seroit une marque que le chiffre qu'on vient de
mettre au quotient ou quelqu'un des précedens seroit trop petit, puisque le diviseur seroit contenu dans
le membre dont on viendroit de faire la soustraction,
au moins une fois de plus qu'il ne seroit marqué par

ce chiffre qu'on viendroit d'écrire, au quotient : ainfi
après la fouftraction faite fur le fecond membre du
premier exemple de la divifion compofée, fi le refte
avoit été plus grand ou égal au divifeur 84 , alors le 2
qu'on a mis au quotient pour ce membre auroit été
trop petit.

II.

79. Chaque membre de la divifion fourniffant un
chiffre au quotient, il eft vifible qu'il doit y avoir
autant de chiffres au quotient , qu'il y a de membres
dans la divifion. Or il eft facile de voir tout d'un coup,
combien il y aura de membres dans la divifion, puifqu'il y en a autant & un de plus qu'il refte de chiffres
dans le dividende après le premier membre : dans l'e-
xemple cité à la remarque précedente, il étoit aifé de
voir qu'il n'y auroit que trois membres en divifant
27605 par 84 , & par conféquent qu'il n'y auroit que
trois chiffres au quotient ; parce qu'il ne reftoit que
deux caracteres au dividende après le premier membre 276.

III.

80. Quand il n'y a point de refte après la derniere
fouftraction , c'eft une marque que le divifeur eft contenu exactement autant de fois dans le dividende qu'il
y a d'unitez dans le quotient : mais s'il y a un refte ,
pour lors le dividende contient le divifeur autant de
fois qu'il y a d'unitez dans le quotient , & il contient
de plus le refte ; en forte que fi on retranchoit ce refte
du dividende , le divifeur y feroit contenu juftement
autant de fois qu'il y a d'unitez au quotient.

On fait du refte qu'on trouve après la divifion une
fraction dont ce refte eft le numérateur , & le divifeur
eft le dénominateur : comme dans le premier exemple
ci-deffus , ayant trouvé pour refte 53 , on en fait la
fraction $\frac{53}{84}$, laquelle on met à côté du quotient en
entier de cette maniere , 328 $\frac{53}{84}$, ce qui marque que

le quotient de 27605 divisé par 84, est 328 & de plus la fraction $\frac{53}{84}$.

IV.

81. On ne peut jamais mettre plus de 9 au quotient pour un des membres du dividende. Nous allons le démontrer à l'égard du premier membre, & nous ferons voir ensuite que l'on peut appliquer la même démonstration aux suivans.

. Ou bien il y a autant de chiffres au premier membre qu'il y en a au diviseur, ou il y en a un de plus. Or dans l'un & l'autre cas on ne peut mettre plus de 9 au quotient ; supposons d'abord qu'il y a autant de chiffres dans le premier membre qu'il y en a au diviseur ; par exemple, trois à chacun ; en sorte que les trois du premier membre soient les plus grands qu'il soit possible, & que les trois du diviseur soient au contraire les plus petits que l'on puisse, afin que le diviseur soit contenu plus de fois dans le premier membre : que ce premier membre soit donc 999 & le diviseur 100 : il est certain que 100 n'est point contenu dix fois dans 999 ; car afin que 100 fût contenu dix fois dans 999, il faudroit que ce nombre 999 fût dix fois plus grand que 100, ce qui n'est pas, puisque pour rendre un nombre dix fois plus grand qu'il n'est, il n'y a qu'à mettre un o après ce nombre. Or en mettant un o après 100, il vient 1000 qui est plus grand que 999 ; donc 999 n'est pas dix fois plus grand que 100 ; & par conséquent 100 n'est pas contenu dix fois dans 999 ; on ne peut donc mettre plus de 9 au quotient, en divisant 999 par 100.

De même s'il y avoit un chiffre de moins dans le diviseur que dans le dividende partiel ; par exemple, si le diviseur étoit 625, & le premier membre 6249 (ce premier membre est le plus grand qu'il soit possible par rapport au diviseur, puisque si on l'augmentoit d'une unité, la somme qui en résulteroit, sçavoir 6250, ne pourroit plus être prife pour premier membre, mais feulement 625 égal au divifeur,) dans ce cas le divifeur ne feroit pas contenu dix fois dans le dividende partiel, puifqu'en rendant ce divifeur dix fois plus grand, c'eft-à-dire, en le multipliant par 10, le produit 6250 eft plus grand que le premier membre 6249 ; on ne peut donc, même dans ce cas, mettre plus de 9 au quotient.

Ce que l'on vient de dire pour le premier membre de la divifion doit s'entendre également de tous les autres, parce que le refte qui fe trouve après chaque fouftraction, étant toujours plus petit que le divifeur, il eft impoffible que ce refte augmenté du chiffre qu'on abbaiffe, contienne dix fois le divifeur.

Ces quatre remarques conviennent à la divifion fimple, comme à la divifion compofée.

82. Entre plufieurs manieres de faire la divifion compofée, nous avons choifi celle qui vient d'être expliquée, parce qu'elle eft plus facile à entendre, & que d'ailleurs elle paroît moins fujette aux fautes de calcul que les autres : ce qui eft d'une grande conféquence. Au refte, lorfque le quotient ne doit être compofé qu'environ de 3 ou 4 caracteres, il feroit plus court de ne faire l'épreuve que par la penfée, & de commencer la multiplication du divifeur vers la gauche, en faifant la fouftraction en même tems fans rien écrire : la fouftraction fe fait de la même maniere que pour la preuve de l'addition. On va appliquer cette méthode fur un exemple.

Si je veux divifer 843067 par 2965, je dis : en 8 combien de fois 2 ? il y eft 4 fois, j'éprouve donc 4 en commençant à multiplier le divifeur vers la gauche, & en faifant en même-tems la fouftraction de la maniere fuivante : 4 fois 2 font 8 ; j'ôte ce produit 8 du premier chiffre du dividende auquel répond le 2 du divifeur, & il ne refte rien ; je multiplie enfuite le

9 du diviſeur par 4 : mais le produit ne pouvant être ôté
du 4 du dividende, il eſt viſible que ce chiffre éprouvé,
ſçavoir 4, n'eſt pas bon ; j'éprouve donc le 3 de la
même maniere, & je dis : 3 fois 2 font 6, j'ôte 6 de
8, il reſte 2, qu'il faut joindre par la penſée avec le
4 ſuivant du premier membre, ce qui fait 24 : enſuite
je dis : 3 fois 9 font 27 que je ne puis ôter de 24, ainſi
le chiffre 3 n'eſt pas encore bon. J'éprouve donc le 2
en diſant : 2 fois 2 font 4 que j'ôte de 8, il reſte 4
qu'il faut joindre par la penſée avec le 4 ſuivant, &
la ſomme eſt 44 : Après cela je multiplie 9 par 2, &
j'ôte le produit 18 de 44 ; &
voyant qu'il reſte plus de 9, je
ſuis aſſûré que 2 eſt bon, c'eſt
pourquoi je fais la multiplication du diviſeur par 2 à l'ordinaire, en commençant à la droite, & en écrivant le produit :
après quoi je fais la ſouſtraction & j'écris le reſte, comme
il a été pratiqué dans la méthode dont on s'eſt ſervi ci-deſſus.

$$\begin{array}{r|l} 843067 & 2965 \\ \hline 5930 & 284 \\ \hline 25006 & \\ 23720 & \\ \hline 12867 & \\ 11860 & \\ \hline 1007 & \end{array}$$

La ſouſtraction étant faite, & le chiffre ſuivant du
dividende étant abbaiſſé, le ſecond membre eſt 25006
ſur lequel je fais l'épreuve comme ſur le premier : je
dis donc : en 25 combien de fois 2 ? on ne peut mettre
que 9 ; ainſi j'éprouve 9 en diſant : 9 fois 2 font 18 que
j'ôte de 25, il reſte 7, je joins par la penſée le reſte
7 au zero ſuivant du ſecond membre ; ce qui fait 70,
après quoi je multiplie le 9 du diviſeur par le 9 éprouvé : mais le produit ne pouvant être ôté de 70 ; je conclus que le 9 n'eſt pas bon. J'éprouve donc le 8 en
diſant : 8 fois 2 font 16, que j'ôte de 25, il reſte 9 ;
ainſi je ſuis aſſûré que le chiffre éprouvé eſt bon ; c'eſt
pourquoi je multiplie le diviſeur entier par 8, & j'é-
cris le produit ; je fais enſuite la ſouſtraction en écri-

vant aussi le reste. On fera l'preuve de la même maniere sur le troisiéme membre de la division.

PREUVE DE LA DIVISION.

83. La preuve de la division se fait, comme on
l'a remarqué, en multipliant le diviseur par le quotient, ou le quotient par le diviseur : ce qui donne
un produit égal au dividende, lorsque la division se
fait exactement, c'est-à-dire, lorsqu'il n'y a point de
reste après la derniere soustraction : voici la raison
pour laquelle le produit du diviseur par le quotient
doit être égal au dividende. Nous avons dit que le quotient marquoit combien de fois le diviseur est contenu
dans le dividende : par exemple, 100 étant divisé par
4, le quotient 25 fait voir que le diviseur 4 est contenu 25 fois dans 100 ; par conséquent en prenant
le diviseur autant de fois qu'il est marqué par le quotient, l'on doit avoir un nombre égal au dividende. Or
prendre le diviseur autant de fois qu'il est marqué par
le quotient, c'est multiplier le diviseur par le quotient ;
par conséquent le produit du diviseur par le quotient,
ou du quotient par le diviseur est égal au dividende.

84. Il est facile de voir à présent qu'on peut se servir de la division pour preuve de la multiplication : car
le produit contenant le multiplicande autant de fois
qu'il est marqué par le multiplicateur, il est évident
que si on divise le produit par le multiplicande, le
quotient sera le multiplicateur : & réciproquement si
on divise le produit par le multiplicateur, le quotient
sera le multiplicande.

85. Puisque le dividende est égal au produit du quotient par le diviseur, il s'ensuit que le quotient est
contenu autant de fois dans le dividende qu'il est marqué par le diviseur : c'est pourquoi de même que le
quotient exprime combien de fois le diviseur est contenu dans le dividende ; pareillement le diviseur exprime combien de fois le quotient est contenu dans le

dividende ; ainſi on peut définir la diviſion, une opération par laquelle on trouve un nombre (c'eſt le quotient) qui eſt contenu dans le dividende autant de fois qu'il eſt marqué par le diviſeur : par exemple, ſi on diviſe 100 par 4 , on trouvera 25 qui eſt contenu 4 fois dans 100.

86. Il eſt donc clair que quand le diviſeur eſt plus grand que l'unité , pour lors le quotient eſt plus petit que le dividende autant de fois qu'il eſt marqué par le diviſeur : ainſi en diviſant 100 par 4 on trouve pour quotient le nombre 25 qui eſt quatre fois plus petit que 100 , ou ce qui revient au même , qui n'eſt que la quatriéme partie de 100.

On peut voir à préſent d'une maniere évidente que la multiplication eſt oppoſée à la diviſion. Car lorſqu'on multiplie un nombre comme 100 par 4 , on trouve un autre nombre quatre fois plus grand * que le premier. Au contraire ſi on diviſe 100 par 4 , on trouve un nombre quatre fois plus petit que 100 , ou qui n'eſt que la quatriéme partie de 100.

On peut auſſi appercevoir aiſément la raiſon de l'uſage que l'on fait de la diviſion : par exemple , ſi on veut partager 100000 liv. également à cinq perſonnes , on diviſe 100000 par 5 , & le quotient 20000 eſt la cinquiéme partie de 100000 , parce que le diviſeur 5 marque que le quotient 20000 eſt contenu cinq fois dans 100000 ; il faut donc donner 20000 liv. à chacune des cinq perſonnes.

87. Nous avons ſuppoſé , en donnant la raiſon de la preuve de la diviſion , que cette opération , c'eſt-à-dire , la diviſion ſe faiſoit exactement ou ſans reſte : mais s'il y avoit un reſte, il eſt clair qu'en l'ajoûtant au produit du diviſeur par le quotient, la ſomme qui en réſulteroit ſeroit égale au dividende : par exemple , ſi on diviſe 103 par 4 , le quotient ſera 25 , & il y aura 3 de reſte. Or ſi on multiplie le quotient par le diviſeur, & qu'au produit 100 on ajoûte le reſte 3 , la ſomme

fera néceſſairement égale au dividende: car puiſqu'il eſt reſté 3 après la diviſion, c'eſt une marque que ſi le dividende avoit été diminué de 3 , la diviſion ſe feroit ſans reſte, ainſi le produit du quotient par le diviſeur auroit été égal au dividende 103 diminué de 3 , comme on vient de le prouver * ; par conſéquent ſi on ajoûte   * 83. 3 à ce produit , la ſomme ſerá égale au dividende entier.

88. Quoiqu'on puiſſe également, pour faire la preuve de la diviſion, multiplier le quotient par le diviſeur, ou le diviſeur par le quotient, cependant il eſt pour l'ordinaire plus commode dans la diviſion compoſée, de faire la preuve en multipliant le diviſeur par le quotient ; parce qu'il n'y a qu'à écrire les produits particuliers du diviſeur par les differens chiffres du quotient, leſquels produits ont été trouvez en faiſant la diviſion, comme on peut le voir dans le troiſiéme & quatriéme exemple de la diviſion compoſée dont on a donné la preuve.

DEMONSTRATION DE LA DIVISION.

89. Diviſer un nombre par un autre, c'eſt en chercher un troiſiéme , qu'on nomme quotient, qui exprime combien de fois le diviſeur eſt contenu dans le dividende. Or en ſuivant les regles de la diviſion, on trouve pour quotient un nombre qui exprime combien de fois le diviſeur eſt contenu dans le dividende : car pour voir combien de fois un nombre eſt contenu dans un autre , il n'y a qu'à ſçavoir combien de fois le premier peut être ôté du ſecond. Or en ſuivant les regles de la diviſion, on trouve pour quotient un nombre qui exprime combien de fois le diviſeur peut être ſouſtrait du dividende , puiſqu'à chaque chiffre qu'on écrit au quotient , on doit multiplier le diviſeur par ce chiffre, pour en ſouſtraire le produit du dividende : par exemple , ſi on diviſe 100 par 4, il ſe trouvera à la fin de l'opération, qu'on aura multiplié 4 par 25 , & qu'on aura ſouſtrait

le produit , c'eft-à-dire , 25 fois 4, de 100 ; & par conféquent le divifeur eft retranché du dividende autant
de fois qu'il y a d'unitez dans le quotient : d'ailleurs
le divifeur eft retranché du dividende autant de fois
qu'il y eft contenu ; puifque felon les regles de la divifion , le refte , s'il y en a , eft toujours moindre que le
divifeur. Donc le quotient exprime combien de fois
le divifeur peut être ôté du dividende ; ainfi il marque
combien de fois le divifeur eft contenu dans le dividende. Ce qu'il falloit démontrer.

90. Les commençans pourroient être embaraffez
pour comprendre comment dans la pratique de la divifion , le divifeur eft ôté du dividende autant de fois
qu'il eft marqué par le quotient, fuppofé par exemple,
que le dividende foit 4578 & le divifeur 6 , le quotient fera 763. Or il ne paroît pas d'abord qu'en fuivant les regles de la divifion , le divifeur 6 ait été ôté
du dividende 763 fois , parce que pour le premier
membre de la divifion , on n'a multiplié le divifeur 6
que par 7 , après quoi on a ôté le produit 42 , c'eft-à-
dire 7 fois 6 , du dividende : pour le fecond membre
on n'a fouftrait le divifeur 6 que 6 fois du dividende,
ou ce qui eft la même chofe , le produit du divifeur par
le fecond chiffre 6 du quotient ; enfin pour le troifiéme
membre on a encore ôté le divifeur 3 fois du dividende : on a donc ôté le divifeur du dividende feulement
16 fois ; fçavoir , 7 fois pour le premier membre , 6
fois pour le fecond , 3 fois pour le troifiéme ; ce qui
fait en tout 16 & non pas 763.

Pour faire évanouïr cette difficulté , il faut confidérer de quelle maniere fe fait la fouftraction dans la
divifion. Quand pour le premier membre on a ôté du
dividende le produit de 6 par 7 , c'eft-à-dire 42 , on a
fait comme fi on avoit voulu fouftraire 4200 produit
de 6 par 700 , puifque pour fouftraire 4200 de 4578 ,
il faudroit difpofer ces deux nombres ; en forte que 42

répondît

répondît à 45 , & pour lors on trouveroit pour reste
378 qui est le même nombre qui est resté du dividende
entier après la premiere souſtraction;ainſi par cette ſouſtraction on a ôté 700 fois le diviſeur 6 du dividende :
de même par la ſeconde ſouſtraction de la diviſion on a
ôté du dividende le produit du diviſeur 6 par 60 qui
est 360 ; enfin par la troiſiéme ſouſtraction on a ôté du
dividende qui reſtoit , 3 fois le diviſeur , c'eſt-à-dire ,
le produit de 6 par 3 ; il est donc certain que le diviſeur a été ôté du dividende, en faiſant la diviſion ,
1°. 700 fois, 2°. 60 fois, 3°. 3 fois ; ce qui fait en tout
763 fois.

91. Après ce que nous venons de dire, il est clair
que la diviſion n'eſt qu'une eſpece de ſouſtraction par
laquelle on ôte le diviſeur du dividende autant de fois
qu'il eſt marqué par le quotient.

92. C'eſt par la diviſion qu'on réduit une ſomme de
petites eſpeces à de plus grandes : ce qui ſe fait en diviſant la ſomme des petites eſpeces par le nombre qui
exprime combien la grande eſpece contient de fois la
petite : par exemple , pour réduire une ſomme de deniers en ſols, il faut diviſer le nombre des deniers par
12 , parce qu'un ſol vaut 12 deniers , & le quotient
ſera le nombre des ſols contenus dans la ſomme des
deniers.

La raiſon de cette pratique eſt que le nombre de
ſols que vaut la ſomme des deniers , eſt 12 fois plus
petit que le nombre des deniers, puſqu'il faut 12 deniers pour faire un ſol ; il ne s'agit donc pour réduire
les deniers en ſols, que de trouver un nombre qui ne
ſoit que la douziéme partie de celui des deniers.Or en
diviſant le nombre des deniers par 12 , on trouve pour
quotient un nombre qui n'eſt que la douziéme partie
de celui des deniers. * Donc ce quotient marquera le   * 86.
nombre des ſols contenu dans la ſomme des deniers.

e

Nous allons donner plufieurs exemples de réduction des petites efpeces aux plus grandes.

Combien 546 deniers valent-ils de fols? il faut divifer 546 par 12, le quotient 45 & le refte 6, font
voir que 546 deniers valent 45 fols 6 deniers.

Combien 720 pieds en longueur valent-ils de toifes? il faut divifer 720 par le divifeur 6 qui marque
combien de fois le pied eft contenu dans la toife, le
quotient 120 fait connoître que 720 pieds contiennent 120 toifes.

Combien 50 onces d'argent valent-elles de marcs?
Il faut divifer 50 par 8, qui marque combien il y a
d'onces au marc; le quotient 6 & le refte 2 font connoître qu'il y a 6 marcs 2 onces dans cinquante onces.

MANIERE ABREGE'E
de faire la divifion en certains cas.

Il y a des occafions où l'on peut faire la divifion
plus facilement qu'à l'ordinaire : il eft bon de ne pas
ignorer quand cela fe peut faire.

93. 1°. Lorfque le divifeur eft compofé de l'unité
fuivie de plufieurs zeros, s'il y a autant de zeros à la
fin du dividende que dans le divifeur, pour lors, afin
d'avoir le quotient, il n'y a qu'à retrancher autant de
zeros de la fin du dividende qu'il y en a dans le divifeur, & le refte eft le quotient de la divifion : par
exemple, pour divifer 2475000 par 1000, comme il
il y a trois zeros dans le divifeur, il faut retrancher
les trois zeros qui font à la fin du dividende, le refte
2475 eft le quotient de la divifion.

Autre exemple : le nombre 624000 étant divifé par
100, le quotient eft 6240

Voici la raifon de cet abregé appliquée au premier
exemple. Divifer un nombre par 1000, c'eft chercher
la milliéme partie de ce nombre, ou bien, ce qui eft
la même chofe, c'eft en chercher un qui foit mille fois

plus petit. * Or en retranchant trois zeros qui font à * 86.
la fin du dividende, on le rend mille fois plus petit,
comme il paroît par ce qui a été dit fur la maniere abbregée de faire la multiplication * ; par conféquent ce * 53.
qui refte du dividende, après en avoir retranché les
trois zeros qui font à la fin, eft le quotient de la divifion.

Le divifeur étant toûjours compofé de l'unité fuivie
de plufieurs zeros, fi le dividende avoit des chiffres
pofitifs à la fin, on pourroit auffi retrancher autant de
caracteres de la fin du dividende, qu'il y auroit de zeros dans le divifeur, & le quotient feroit encore le refte
du dividende, auquel il faudroit ajoûter une fraction
dont le numérateur feroit les chiffres qu'on auroit re-
tranchez du dividende, & le dénominateur le divifeur.
Exemple, fi on divife 2475894 par 1000, le quotient
fera 2475 $\frac{894}{1000}$: c'eft une fuite néceffaire de ce que
l'on vient de dire.

94. 2°. Lorfqu'on veut divifer un nombre par 2,
il faut prendre la moitié de chaque caractere de ce
nombre : ce qui eft plûtôt fait que d'obferver les regles
ordinaires de la divifion.

Soit, par exemple, le nombre 65207   65207
à divifer par 2. Au lieu de fuivre la re- $32603+\frac{1}{2}$
gle générale, je dis : la moitié de 6 eft 3 que j'écris au-
deffous de 6 ; après je dis : la moitié de 4 c'eft 2 que
je pofe fous 5 ; j'ai dit exprès la moitié de 4 quoiqu'il
y ait 5, parce que 5 étant un nombre impair, dont
par conféquent on ne peut prendre la moitié, il a
fallu rejetter une unité au rang fuivant où elle vau-
dra 10 * ; c'eft pourquoi je dirai au troifiéme rang : * 4.
10 & 2 qui fe trouvoient déja à ce rang font 12, dont
la moitié eft 6 que je pofe fous 2 ; enfuite je dis : la moitié de o c'eft o que j'écris au-deffous. Enfin la moitié de
6 (je prens 6 au lieu de 7 qui eft impair) c'eft 3 que j'é-

cris encore sous 7 , & comme il reste 1 à diviser par 2 ,
il y aura une fraction dont 1 sera le numérateur & 2
le dénominateur.

Voici encore deux   14050416   130407020
autres exemples que   7025208   65203510
nous donnons sans les expliquer comme les pré-
cedents.

On peut se servir de la même méthode lorsqu'il
s'agit de diviser un nombre par 3 ; mais au lieu de
prendre la moitié de chaque chiffre du nombre, il en
faut prendre le tiers, comme on le peut voir dans
l'exemple suivant, où il s'agit de diviser 98104 par 3.

Je dis donc, le tiers de 9 est 3 que   98104
j'écris sous 9 : ensuite je prends le tiers $32701 + \frac{1}{3}$
de 6 au lieu de 8, c'est 2 que j'écris sous 8. On remar-
quera que je n'ai pris que le tiers de 6 , parce que je
ne pouvois prendre le tiers de 8 non plus que de 7 ,
c'est pourquoi j'ai rejetté deux unitez du 8 au troisiéme rang où elles vaudront 20 ; je dis donc : 20 & 1
qui se trouve à ce rang font 21 , dont le tiers est 7 que
je pose sous 1 : après cela je dis : le tiers de 0 c'est 0
que j'écris au-dessous : enfin le tiers de 3 , au lieu de 4 ,
c'est 1 que je mets sous 4 ; mais y ayant une unité de
reste, il y aura une fraction dont 1 sera le numérateur
& 3 le dénominateur. Le quotient de 98104 divisé par
3 est donc $32701 + \frac{1}{3}$.

Voici deux autres   250805   150402600
nombres dont on a pris $83601 + \frac{2}{3}$ 50134200
le tiers ou qu'on a divisés par 3 par la même méthode.

On peut encore se servir de la même méthode pour
diviser par 4 , 5 , 6 , &c. mais elle devient plus difficile à mesure que le diviseur augmente.

Il est inutile de s'arrêter pour démontrer cette méthode, étant assez évident qu'en prenant la moitié de

chaque chiffre d'un nombre, on a la moitié de ce nombre : c'est la même raison quand il s'agit du tiers.

95. On tire de-là une maniere fort courte de réduire les fols en livres : elle confiste à retrancher le
dernier caractere du nombre qui marque les fols ; &
à prendre ensuite la moitié du reste suivant la méthode
qu'on vient d'enseigner.

Soit par exemple, 617409   61740 | 9 f.
fols à réduire en livres, il faut   30870 liv. 9 f.
retrancher le dernier chiffre 9 qui marque les unitez
de fols, & prendre la moitié du reste : cette moitié est
30870 : ainsi 617409 fols valent 30870 liv. 9 f. on
ajoûte 9 f. à cause du 9 qu'on a retranché.

Second exemple, dans lequel   41047 | 8 f.
l'avant-dernier chiffre 7 étant   20523 liv. 18 f.
impair, il reste une unité qu'il faut joindre avec le chiffre retranché, en la mettant avant ce chiffre ; parce
que c'est une dixaine de fols.

Voici encore deux   460134 | 0 f.   61405 | 0 f.
fommes de fols à ré-   230067 liv.   30702 l. 10 f.
duire en livres.

La raison de cette maniere d'opérer vient de-ce que
le nombre de livres contenu dans une fomme de fols,
est 20 fois plus petit que le nombre de fols ; ainsi il ne
s'agit que de prendre la vingtiéme partie du nombre
de fols. Or si le dernier caractere est un zero, en le
retranchant, le reste est la dixiéme partie de ce nombre ; par conséquent en prenant la moitié de ce reste,
on aura la vingtiéme partie du nombre de fols ; donc
cette moitié exprime le nombre de livres que renferme
la fomme des fols.

Si au lieu de fuppofer que le dernier caractere du
nombre des fols est un zero, il fe trouve que c'est un
chiffre pofitif, tel que 9, comme dans le premier
exemple ; il est vifible que le nombre est plus grand
de 9 fols, que s'il y avoit un zero à la place du 9 ; par

e iij

conséquent outre les livres marquées par la moitié du reste , il contient encore 9 sols de plus.

96. Nous ajoûterons ici une pratique fort commode pour prendre la dixiéme partie d'une somme de liv. Il faut retrancher, c'est-à-dire, effacer le dernier chiffre du nombre qui exprime la somme, & doubler le chiffre retranché : pour lors le nombre qui reste après le retranchement marquera des livres, & le double du chiffre retranché exprimera des sols. Or le nombre des livres qui reste joint aux sols est précisément le dixiéme de la somme des livres. Exemples. Le dixiéme de 504723 liv. est 50472 liv. 6 s. Le dixiéme de 4978 liv. est 497 liv. 16 s. Le dixiéme de 4970 est 497 liv. il n'y a point de sols , parce que le double de zero n'est rien.

Il est aisé d'appercevoir que pour avoir le dixiéme de 4970 liv. il faut seulement effacer le zero qui est à la fin : car en effaçant le zero , le nombre restant 497 est le quotient de 4970 divisé par 10 * : or le quotient de 4970 divisé par 10 est précisément la dixiéme partie de 4970 *. Donc 497 liv. est le dixiéme de 4970 liv. ainsi quand le dernier chiffre d'un nombre est un zero , ce qui reste après avoir effacé le zero est le dixiéme du nombre proposé.

Cela posé je dis que le dixiéme de 4978 liv. est 497 liv. 16 s. plus grand de 16 s. que celui de 4970. La raison en est que 4978 l. est plus grand que 4970 l. seulement de 8 liv. Or le dixiéme de 8 liv. est 16 s. puisque le dixiéme de chaque livre est 2 s. par conséquent lorsque le dernier chiffre d'un nombre qui marque des livres est positif, il faut prendre deux sols pour chaque livre marquée par ce dernier chiffre, c'est-à-dire qu'il faut doubler ce chiffre, & il désignera les sols qui joints au nombre des livres restant , font le dixiéme de la somme proposée.

DE LA MULTIPLICATION
des nombres complexes.

Nous avons remis à traiter de la multiplication des nombres complexes après la divifion, parce que pour faire cette multiplication, il faut fe fervir de la divifion, comme on le verra dans la fuite.

Les nombres complexes font ceux qui contiennent des quantitez de differentes efpeces : tel eft le nombre fuivant, 40 liv. 15 f. 6 den. & celui-ci 26 toifes 8 pieds 10 pouces. Nous allons donner la méthode de multiplier ces nombres l'un par l'autre après la remarque fuivante.

97. Lorfqu'on cherche le prix d'une marchandife par la multiplication, on doit toujours regarder comme le multiplicande, celui des deux nombres qui contient des quantitez femblables à celles du produit : par exemple, fi on cherche le prix de douze aunes de drap à 15 liv. l'aulne, & qu'on multiplie les deux nombres 12 & 15 l'un par l'autre, on doit regarder 15 livres comme le multiplicande ; parceque le produit qu'on cherche exprimera des livres, & l'autre nombre, 12 aunes, eft le multiplicateur ; car lorfqu'on cherche le prix de 12 aunes à 15 livres chacune, il eft évident qu'il faut prendre 12 fois 15 livres, c'eft-à-dire, multiplier 15 livres par 12, & par conféquent les 15 liv. font le multiplicande, & le nombre 12 eft le multiplicateur. Souvent on s'énonce, comme fi le nombre qui marque le prix étoit le multiplicateur : mais on doit toujours le concevoir comme étant le multiplié.

Pour ce qui eft du multiplicateur, il faut toûjours le concevoir comme un nombre pur, c'eft-à-dire, qui ne fignifie que des unitez ou des parties d'unitez fans appliquer l'idée d'unitez à des grandeurs particulieres comme des aunes, des toifes, des livres, des fols, &c. ainfi dans l'exemple précedent il faut multiplier 15 liv.

par 12, en confidérant le multiplicateur 12 comme un pur nombre contenant fimplement 12 unitez : car fi on confideroit 12 comme fignifiant des aunes, la multiplication feroit inintelligible, parce qu'il eft ridicule de multiplier des livres par des aunes. Cette remarque touchant le multiplicande & le multiplicateur , doit s'entendre des nombres complexes & des incomplexes.

98. Pour multiplier un nombre complexe par un autre , il faut 1°. réduire chacun des deux nombres à la plus petite efpece qu'il contient : 2°. multiplier l'un par l'autre les deux nombres réduits : 3°. divifer le produit de cette multiplication par le nombre qui exprime combien de fois la plus grande efpece du multiplicateur contient la plus petite ; & le quotient fera le produit cherché. Mais ce produit fera feulement exprimé en la plus petite efpece du multiplicande , c'eft-à-dire en deniers, fi le multiplicande a été réduit en deniers. On pourra , fi l'on veut , réduire ce produit en fols, & enfuite en livres, par le moyen de la divifion. Tout cela s'entendra par des exemples.

E x e m p l e I.

On demande combien valent 4 toifes 5 pieds 8 pouces à 3 l. 2 f. 4 d. la toife. Pour trouver cette valeur , il faut multiplier 3 l. 2 f. 4 d. par 4 toifes 5 pieds 8 pouces : & afin de faire cette multiplication , 1°. je réduis 3 l. 2 f. 4 d. à la plus petite efpece, c'eft-à-dire à des deniers, la fomme eft 748. Je réduis pareillement 4 toifes 5 pieds 8 pouces à la plus petite efpece qui font les pouces ; la fomme eft 356. 2°. Je multiplie ces deux fommes 748 & 356 l'une par l'autre : le produit eft 266288. 3°. Je divife ce produit par 72 qui marque combien de fois la toife contient le pouce ; & je trouve 3698 au quotient, & le refte 32 à divifer par 72 ; ainfi la valeur de 4 toifes 5 pieds 8 pouces eft 3698 deniers & la fraction $\frac{32}{72}$ que l'on peut négliger, parce qu'elle ne vaut pas un denier.

Si on veut réduire 3698 deniers en fols, il faut diviſer cette ſomme par 12, parce que 12 d. font un ſol, & on trouvera 308 ſ. & 2 d. de reſte. Enfin il faut encore diviſer 308 par 20, afin d'avoir la ſomme des livres contenuës dans 308 ſ. ce qui ſe fera aiſément par la méthode expliquée dans l'article 95, on trouvera 15 l. 8 ſ. Par conſéquent 4 toiſes 5 pieds 8 pouces à 3 liv. 2 ſ. 4 den. la toiſe, valent 15 liv. 8 ſ. 2 den. & la fraction $\frac{32}{72}$ qui marque ſeulement quelques parties du denier.

<h3 style="text-align:center">E x e m p l e   II.</h3>

Combien doivent rapporter 10 l. 3 ſ. 4 d. en ſuppoſant qu'une livre rapporte 3 l. 2 ſ. 6 d. il faut multiplier cette derniere ſomme par le premier nombre : ainſi 1°. je réduis 3 l. 2 ſ. 6 d. en 750 d. & pareillement je reduis le multiplicateur 10 l. 3 ſ. 4 d. en 2440 den. 2° je multiplie 750 par 2440, le produit eſt 1830000 3°. je diviſe ce produit par le nombre 240 qui exprime combien de fois la grande eſpece du multiplicateur contient la plus petite, c'eſt-à-dire combien il y a de deniers dans une livre ; le quotient eſt 7625 : c'eſt le produit cherché exprimé en deniers.

En réduiſant 7625 den. en livres on trouvera 31 liv. 15 ſ. 5 d. c'eſt ce que rapporteront 3 l. 2 ſ. 6 d. ſi chaque livre produit 10 l. 3 ſ. 4 d.

<h3 style="text-align:center">E x e m p l e   III.</h3>

Combien valent 5 marcs 7 onces & 6 gros à 48 l. 16 ſ. 10 d. le marc. Pour trouver la ſomme qu'on cherche, il faut ſçavoir que le marc contient 8 onces, & l'once 8 gros. Cela poſé, 1°. je réduis 48 l. 16 ſ. 10 d. en 11722 d. & je réduis pareillement 5 marcs 7 onces 6 gros en 382 gros. 2° je multiplie 11722 par 382,

le produit eſt 4477804. 3°. je diviſe ce produit par 64
(ce nombre 64 marque combien le marc contient de
gros ,) & je trouve pour quotient 69965 deniers & le
reſte 44.

En réduiſant cette ſomme de deniers , on trouve
291 l. 10 ſ. 5 d. qui eſt le prix de 5 marcs 7 onces & 6
gros à 48 l. 16 ſ. 10 d. le marc. On néglige le reſte 44
qui fait la fraction $\frac{44}{64}$ qui ne vaut pas un denier.

Les deux premiers articles de la méthode propoſée
pour la multiplication des nombres complexes, n'ont
pas beſoin de preuve. Voici la démonſtration du troiſiéme appliquée au premier exemple.

99. Si chaque pouce valoit 748 den. il eſt évident
que 4 toiſes 5 pieds 8 pouces, ou 356 pouces vaudroient
266288 den. puiſque ce nombre eſt le produit de 748
par 356. Mais par la ſuppoſition 748 den. ſont le prix
de la toiſe & non pas du pouce : ainſi puiſque la toiſe
vaut 72 pouces, le prix d'un pouce n'eſt que la 72ᵉ partie de 748 d. par conſéquent le prix de 356 pouces n'eſt
auſſi que la 72ᵉ partie de 266288 d. Donc a fin d'avoir
le prix de 356 pouces en deniers il faut diviſer 266288
deniers par 72.

100. Lorſque la premiere & plus grande eſpece eſt
exprimée par un grand nombre, pour lors la multiplication devient fort longue, à cauſe que cette plus
grande eſpece étant réduite à la plus petite produit un
très-grand nombre. Si on cherchoit, par exemple, la
valeur de 5746 toiſes 5 pieds 8 pouces à 3 l. 2 ſ. 4 d. la
toiſe ; il eſt évident que cette opération ſeroit longue,
parce que les 5746 toiſes produiroient un très-grand
nombre de pouces : dans ce cas on peut abbreger de
la maniere ſuivante la méthode que nous venons de
propoſer.

Il faut chercher à part la valeur de 5746 toiſes ſans
faire aucune réduction. Pour cette effet on multipliera
ſucceſſivement 3 l. 2 ſ. 4 d. par 5746 : ce qui donnera

17238 l. 11492 f. 22984 d. Voilà déja le prix de 5746
toifes à 3 l. 2 f. 4 d. Il refte encore à chercher la valeur de 5 pieds 8 pouces que l'on trouvera en fuivant
la méthode de l'art. 98. Cette valeur eft 706 d. & la
fraction $\frac{32}{72}$ qui ne vaut pas un denier. Or fi on ajoûte
706 à 22984 den. qu'on a déja trouvez, on aura
pour le prix entier de 5746 toifes 5 pieds 8 pouces,
17238 l. 11492 f. 23690 d. On pourra réduire les deniers en fols, comme nous avons dit, & réduire enfuite en livres les 11492 f. avec les 1974 autres fols
2 den. qui viennent de la réduction des 23690 d. ce
qui donnera 673 liv. 6 f. 2 den. que l'on ajoûtera à
17238 liv. & la fomme fera 17911 l. 6 f. 2 d. c'eft le
prix de 5746 toifes 5 pieds 8 pouces à 3 l. 2 f. 4 d. la
toife, en y ajoûtant la fraction $\frac{32}{72}$ qui exprime quelques parties du denier.

101. La multiplication eft plus facile lorfqu'un des
deux nombres à multiplier eft incomplexe : fuppofons
par exemple, qu'on veuille fçavoir le prix de 35 toifes à 4 l. 2 f. 6 d. la toife : il faut multiplier fucceffive-
ment 4 l. 2 f. 6 d. par 35, le produit eft 140 liv. 70 f.
210 den. On pourra enfuite réduire les den. & les fols
en liv. comme dans l'article précedent, & on aura
144 l. 7 f. 6 d. qui eft le prix cherché. On peut auffi
dans le cas de cet article employer la méthode des parties aliquotes, de laquelle nous allons parler.

Lorfqu'un des deux nombres à multiplier eft incomplexe, & que l'autre contient des livres, des fols
& des deniers, comme dans l'exemple précedent, on
peut pour lors fe fervir d'une autre méthode. Nous
allons expofer les principes de cette méthode, &
enfuite nous en ferons l'application fur quelques
exemples.

102. Si on veut multiplier 2 f. par un nombre, comme par 456, il faut retrancher le dernier caractere de

ce nombre, & doubler le caractere retranché, le reste
exprimera des livres ; & le double du dernier caractere
marquera des sols : ainsi 456 toises à 2 sols la toise
valent 45 l. 12 s. Pareillement 35 toises à 2 s. chacune
valent 3 l. 10 s. De même 450 toises à 2 s. chacune,
valent 45 livres.

Pour entendre la raison de cette pratique, il faut
considérer que si on multiplioit une livre par 456, le
produit seroit 456 livres. Or 2 sols ne font que la
dixiéme partie d'une livre ; par conséquent le produit
de 2 sols par 456 ne doit être que la dixiéme partie de
456 l. Or pour avoir le dixiéme de 456 l. il faut retrancher le dernier chiffre 6 & le doubler, comme on l'a
fait voir * ; ainsi la valeur de 456 toises à 2 s. chacune, est 45 l. 12 s.

* 96.

103. Si on vouloit multiplier un nombre de sols
différent de 2, par exemple 8 s. il faudroit chercher
d'abord le produit de 2 s. & multiplier ensuite ce produit par 4, parce que 8 s. valent 4 fois 2 s. Ainsi pour
avoir le prix de 456 toises à 8 s. chacune, il faut chercher le produit de 2 s. par 456, c'est 45 l. 12 s. & multiplier ensuite 45 l. 12 s. par 4, le produit 182 L. 8 s.
sera le prix de 456 toises à 8 s. la toise. Si on vouloit
multiplier 9 s. il faudroit faire comme pour 8 s. &
ajoûter de plus la moitié du produit de 2 sols. Pareillement pour 12 s. il faut multiplier le produit de 2 s.
par 6, & pour 13 s. il faut faire comme pour 12, &
ajoûter la moitié du produit de 2 sols : ainsi des autres
nombres de sols jusqu'à 20.

104. Lorsqu'on veut multiplier des deniers, il faut
encore chercher le produit de 2 s. & prendre ensuite
une partie de ce produit proportionnée au nombre des
deniers : par exemple, si on veut multiplier 6 d. par
456, il faut chercher le produit de 2 s. par 456, c'est
45 l. 12 s. & prendre ensuite le quart de ce produit,
parce que 6 d. font le quart de 2 s. ou de 24 d. ainsi le
produit de 456 toises à 6 d. la toise, est 11 l. 8 s.

Au lieu de prendre une partie du produit de 2 fols proportionnée au nombre de deniers, il est plus facile de prendre une partie du produit d'un fol, qui est la moitié du produit de deux fols. Voici une table pour faire voir quelle partie du produit d'un fols il faut prendre pour tous les nombres de deniers jufqu'à 12.

Pour 3 deniers, prenez la quatriéme partie du produit d'un fol.

Pour 4 d. prenez le tiers.

Pour 6 d. prenez la moitié.

Pour 8 d. cherchez le tiers, & multipliez-le par 2.

Pour 1 d. cherchez le prix pour 4, & prenez-en le quart.

Pour 2 d. cherchez le prix pour 4, & prenez-en la moitié.

Pour 5 d. prenez pour 4, & enfuite pour 1.

Pour 7 d. prenez pour 4, & enfuite pour 3.

Pour 9 d. prenez pour 6, & enfuite pour 3.

Pour 10 d. prenez pour 6, & enfuite pour 4.

Pour 11 d. prenez pour 8, & enfuite pour 3.

La méthode abbregée de faire la divifion de l'article 94 est fort commode pour prendre ces differentes parties du produit d'un fol.

505. Cela pofé, on peut trouver le prix de 35 toifes à 4 l. 2 f. 6 d. la toife, en cette maniere : il faut multiplier 4 l. 2 f. 6 d. par 35 toifes ; 1°. le produit de 4 liv. par 35 est 140 liv. 2°. Le produit de 2 f. par 35 est 3 l. 10 f. 3°. Le produit de 6 d. par 35, est 17 f. 6 d. Ces trois produits joints enfemble, font la fomme de 144 l. 7 f. 6 d. c'est le prix de 35 toifes, à 4 l. 2 f. 6 d. la toife.

140 liv.	
3	10 f.
	17 f. 6 d.
144 l.	7 f. 6 d.

Voici encore un autre exemple pour lequel on fe fert de la même méthode. On demande quel est le prix des 43 aunes de drap à 14 l. 15 f. 9 d. l'aune.

Il faut multiplier 14 l. 15 ſ. 9 d. par 43. 1°. Le produit de 14 l. par 43 eſt 602 l. 2°. Pour avoir le produit de 15 ſols par 43 , je cherche d'abord le produit de 2 ſols par 43 , c'eſt 4 l. 6 ſols ; & je multiplie ce produit par 7 , je trouve 30 l. 2 ſ. j'ajoûte encore le produit d'un ſol , parce que 15 ſ. valent 7 fois 2 ſ. & 1 ſ. de plus ; ce produit par 1 ſ. eſt la moitié de 4 l. 6 ſ. 3°. Pour avoir le produit de 9 d. je prends d'abord pour 6 , c'eſt 1 l. 1 ſ. 6 d. & enſuite pour 3 d. c'eſt 10 ſ. 9 d. Tous ces produits ajoûtez enſemble , font la ſomme de 635 l. 17 ſ. 3 d.

	602 liv.		
	30	2 ſ.	
	2	3	
	1	1	6 d.
		10	9
	635 l.	17 ſ.	3 d.

106. Il y a quelques cas où l'on peut abbréger la multiplication : par exemple , ſi on veut multiplier 5 ſ. il faut prendre le quart du multiplicateur , & on aura le produit en livres ; parce que 5 ſols ſont le quart d'une livre. Si on veut multiplier 10 ſols il faut prendre la moitié du multiplicateur. Pareillement s'il faut multiplier 3 ſ. 4 d. il n'y a qu'à prendre la ſixiéme partie du multiplicateur , parce que 3 ſ. 4 d. font la ſixiéme partie d'une livre. Enfin s'il faut multiplier 6 ſ. 8 d. on prendra le tiers du multiplicateur. Lorſqu'on a un peu d'habitude dans le calcul , il n'eſt pas difficile de trouver ſoi-même des abbregez dans certains cas.

DE LA DIVISION DES NOMBRES
complexes.

Quand on aura bien compris la multiplication des nombres complexes , il ſera facile d'entendre la diviſion de ces nombres ; c'eſt pourquoi nous en parlerons en peu de mots après avoir obſervé que comme dans la multiplication le multiplicateur eſt conſideré comme un nombre pur , * pareillement dans la diviſion on doit conſidérer tantôt le diviſeur , tantôt le quotient comme un nombre pur , c'eſt-à-dire , qui ne contient que des unitez que l'on conçoit, ſans les appliquer aux grandeurs particulieres, comme ſont les toiſes, les pieds, les marcs, les onces, &c.

7 marcs 2 onces d'argent ayant couté 346 l.18 ſ.6 d. on demande à combien revient le marc. L'état de la queſtion fait voir que c'eſt en diviſant 346 l. 18 ſ. 6 d. que l'on trouvera le prix de chaque marc. Voici la méthode pour faire cette diviſion.

107. 1°. Il faut réduire le diviſeur à la plus petite eſpece qu'il contient. 2°. Faire la diviſion en commençant par les plus grandes eſpeces du dividende, & allant de ſuite aux plus petites. 3°. Multiplier le quotient entier par le nombre qui marque combien de fois la plus grande eſpece du diviſeur contient la plus petite.

108. Remarquez que s'il y a un reſte après la diviſion de la plus grande eſpece, par exemple, des livres, il faut réduire ce reſte en ſols, & ajoûter les ſols qui viennent de cette réduction à ceux qui ſe trouvoient déja dans le dividende, pour diviſer enſuite cette ſomme par le diviſeur par lequel on a diviſé les livres. Pareillement s'il y a un reſte après avoir fait la diviſion des ſols, il faut réduire ce reſte en deniers, pour les ajoûter aux deniers qui étoient dans le dividende. Or pour réduire les livres en ſols, il faut multiplier le nombre de livres par 20, parce que la livre vaut 20 ſ. & de même pour réduire les ſols en deniers, il faut multiplier le nombre de ſols par 12.

Pour faire l'application de cette méthode à l'exemple propoſé. 1°. Je réduis tout le diviſeur 7 marcs 2 onces, en 58 onces. 2°. Je diviſe 346 l. 18 ſ. 6 d. par 58, en commençant par les livres, & je trouve au quotient 5 l. & le reſte 56 que je réduis en ſols en le multipliant par 20; le produit eſt 1120, auquel il faut ajoûter les 18 ſ. du dividende, il vient 1138, que je diviſe par 58, & je trouve au quotient 19 ſ. & le reſte 36 que je réduis en 432 d. auſquels ajoûtant les 6 d. du dividende, la fomme eft 438 : je divife encore cette fomme par 58, & je trouve au quotient 7 d. & la fraction $\frac{32}{58}$ que l'on peut négliger. Ainfi le quotient entier eft 5 liv. 19 fols 7 den. fans compter la petite fraction $\frac{32}{58}$ qui n'exprime que des parties de deniers. 3°. Je multiplie ce quotient entier par 8, parce que le marc contient 8 onces, le produit eft 47 l. 16 f. 8 d. c'eft le prix d'un marc, en fuppofant que 7 marcs 2 onces ont couté 346 liv. 18 fols 6 den.

On n'a point eu d'égard à la fraction $\frac{32}{58}$; mais fi on n'avoit rien voulu négliger, il auroit fallu multiplier le numérateur 32 par 8, comme on le verra dans la fuite, en parlant de la multiplication des fractions.

Si le divifeur avoit contenu des gros, il auroit fallu multiplier le quotient par 64, parce que le marc contient 64 gros.

109. Il n'y a point de difficulté par rapport au premier & au fecond article de la méthode. Voici la raifon du troifiéme. Il eft clair que le quotient que l'on trouve après avoir divifé 346 l. 18 f. 6 d. par 58, exprime la valeur d'une once, parce que le divifeur 58 marque des onces ; par conféquent afin d'avoir la valeur du marc, il faut multiplier le quotient par le nombre qui exprime combien il y a d'onces dans le marc, c'eft-à-dire, par 8 ; & le produit fera la valeur du marc.

110. Lorfque le divifeur eft un nombre incomplexe, pour lors le premier & le troifiéme article de la méthode n'ont point de lieu. Voici un exemple : 26 muids de vin ayant couté 1467 l. 12 f. 8 d. on demande à combien revient le muid. Il faut divifer par 26 les liv. enfuite les fols, & enfin les deniers du dividende comme dans l'exemple précedent, & on trouvera 56 liv, 8 fols 11 den. plus 10 den. à divifer par 26 : c'eft le prix d'un muid.

Dans

Dans les deux exemples qu'on a rapportés , c'est le diviſeur qui doit être conſideré comme un pur nombre, parce qu'il marque ſeulement en combien de parties égales il faut partager le dividende : mais il y a des queſtions dans leſquelles c'est le quotient qu'on doit regarder comme un pur nombre , parce qu'il ne fait qu'exprimer combien de fois le diviſeur est contenu dans le dividende : ſi , par exemple , on propoſe à diviſer 67 l. 18 ſ. 6 d. par 5 l. 4 ſ. 6 d. il est évident que l'on ne cherche autre choſe qu'un nombre qui marque combien de fois le diviſeur est contenu dans le dividende.

ABREGÉ

D'ALGEBRE.

111. L'ALGEBRE eſt une partie des Mathématiques qui traite de la grandeur en général, exprimée par les lettres de l'alphabet.

112. On ſe ſert des caracteres de l'alphabet préferablement à d'autres, tant parce qu'on les connoît & qu'on eſt accoûtumé de les écrire, que parce que ne ſignifiant rien par eux-mêmes, on peut les employer pour exprimer toutes ſortes de grandeurs.

113. De ce que les caracteres dont on ſe ſert dans l'Algebre, peuvent exprimer toutes ſortes de grandeurs, il s'enſuit que les démonſtrations de l'Algebre ſont générales : ce qui eſt un des principaux avantages de cette Science.

114. Un autre avantage de l'Algebre, c'eſt qu'on opere également ſur les quantitez inconnuës comme ſur celles qui ſont connuës. On employe ordinairement les premieres lettres de l'alphabet a, b, c, &c. pour déſigner les grandeurs connuës ; & les dernieres r, s, t, u, x, y, z, pour exprimer les inconnuës.

115. Ceux qui commencent à étudier l'Algebre ſont ſouvent fort embarraſſez ſur la ſignification des caracteres a, b, c, d, &c. qui ne préſentent aucun objet déterminé à l'eſprit ; ils ſont même tentez de croire que tout le calcul algébrique eſt un vain amuſement qui ne peut avoir aucune application aux objets de nos connoiſſances. Mais de ce que ces caracte-

res ne fignifient rien par eux-mêmes, on en doit plutôt conclure qu'on les peut employer pour exprimer toutes fortes de grandeurs, & que par conféquent
le calcul algébrique peut être appliqué aux grandeurs
de toutes efpeces, étenduës, nombres, mouvemens,
viteffes, &c. d'ailleurs perfonne n'eft embarraffé fur la
fignification des caracteres arithmétiques 1,2,3,4,5,6,
&c. qui cependant ne préfentent aucun objet déterminé à l'efprit non plus que les lettres de l'alphabet:par
exemple, le chiffre 4 ne fignifie ni quatre toifes, ni
quatre pieds, ni quatre hommes, ni quatre écus, &c.
On ne doit donc pas non plus fe mettre en peine de
chercher la fignification des lettres a, b, c, d, &c.
il fuffit de fçavoir qu'on peut les employer à marquer
toutes fortes de grandeurs.

116. On fait fur les lettres dans l'Algebre les mêmes opérations que l'on fait fur les nombres dans l'A-
rithmetique. Il y en a quatre principales, l'addition,
la fouftraction, la multiplication, & la divifion. Avant
de traiter de ces opérations, il eft néceffaire d'expliquer
les fignes & les termes dont on fe fert dans l'Algebre.

117. Ce figne $+$ fignifie plus, & cet autre $-$ fignifie moins : le premier eft la marque de l'addition ;
ainfi $a+b$ fignifie que la grandeur b eft ajoûtée avec
a ; le fecond eft la marque de la fouftraction ; ainfi
$a-b$ fignifie que la quantité b eft ôtée de a.

118. Ce figne $=$ fignifie égal, & marque qu'il y a
égalité entre les quantitez qui le précedent & celles
qui le fuivent ; ainfi $a=b$ fignifie que a eft égal à b.
Pareillement $a-b=c+d$ marque que $a-b$ eft égal
à $c+d$.

119. Voici encore deux fignes $>$ & $<$ dont le premier fignifie plus grand, & l'autre plus petit ; ainfi
$a>b$ marque que la quantité a eft plus grande que b ;
& $a<b$ fignifie que a eft moindre que b. Afin de ne pas
confondre ces deux fignes, il faut remarquer que la

quantité que l'on met du côté de l'ouverture est toûjours la plus grande, & que celle qui est du côté de la pointe est la plus petite : cela paroît par les exemples qu'on vient de donner.

120. Les lettres de l'alphabet sur lesquelles on opere, sont appellées *quantitez algebriques*.

121. Les quantitez algebriques sont nommées *simples*, *incomplexes* ou *monomes*; lorsqu'elles ne sont pas jointes ensemble par les signes $+$ & $-$; ainsi $+a$, $+5ab$, & $-4aa$ sont trois quantitez incomplexes.

122. Lorsque plusieurs quantitez algebriques sont jointes ensemble par les signes $+$ & $-$, leur somme est appellée quantité *composée*, *complexe* ou *polynome*, ainsi $a-b$, $c-d+f$ sont des quantitez complexes.

123. Dans les quantitez complexes les parties séparées par les signes $+$ & $-$ sont appellées *termes*; ainsi dans la quantité $ab-cd-bd$, il y a trois termes; sçavoir ab, cd & bd.

124. Les quantitez complexes qui n'ont que deux termes, sont appellées *binomes*; celles qui en ont trois, *trinomes*, &c. ainsi $a+b$ est un binome, & $ab+cd-bd$ est un trinome.

125. Les quantitez incomplexes qui sont précedées du signe $+$ sont appellées *positives*; & celles qui sont précedées du signe $-$ sont appellées *negatives*. Les termes des quantitez complexes sont aussi appellez *positifs* ou *négatifs* selon qu'ils sont précedez du signe $+$ ou $-$.

Lorsque dans une quantité complexe, il y a plusieurs termes négatifs de suite, celui ou ceux qui sont après le premier de ces termes ne diminuent pas la valeur de ce premier: par exemple si on a la quantité $+12-5-3$, cela ne marque pas qu'il faut seulement retrancher $5-3$, c'est-à-dire 2 de 12 : mais cela signifie au contraire qu'il faut ôter de 12 les deux nombres 5 & 3 ; ainsi $+12-5-3$ ne vaut que 4. Il faut dire la même chose des quantités algébriques quand elle contiennent plufieurs termes négatifs de fuite: c'eft pourquoi il n'importe en quelle maniere les termes foient arrangés. Ainfi $a+b-c-d$ eft la même chofe que $a-c+b-d$.

126. Remarquez que les quantitez incomplexes qui ne font précedées d'aucun figne, font fuppofées avoir le figne $+$, & font par conféquent pofitives. Il en eft de même du premier terme des quantitez complexes: ainfi ab eft la même chofe que $+ab$. Pareillement $ab+cd-bd$ eft la même chofe que $+ab+cd-bd$.

127. Il faut bien remarquer que les quantitez négatives font des grandeurs oppofées aux quantitez pofitives: par exemple, fi le mouvement vers l'Orient eft pris pour pofitif, le mouvement vers l'Occident fera négatif. Pareillement le bien que l'on poffede peut être regardé comme une grandeur pofitive, & ce que l'on doit comme une quantité négative. De cette notion des quantitez pofitives & négatives, il s'enfuit que les unes & les autres font également réelles, & que par conféquent les négatives ne font pas la négation ou l'abfence des pofitives; mais que ce font certaines grandeurs oppofées à celles que l'on regarde comme pofitives; ainfi dans le premier exemple qu'on vient de propofer la quantité négative par rapport au mouvement vers l'Orient, n'eft pas de n'avoir point de mouvement vers l'Orient; mais c'eft d'avoir un mouvement vers l'occident; & dans le fecond exemple, la quantité négative par rapport au bien que l'on poffede, ce font les dettes que l'on a, & non pas de n'avoir point de bien.

128. Lorfque l'on compare deux quantitez égales en mettant le figne $=$ entre deux, cela s'appelle *équation* ou *égalité*: par exemple $a+b=c$ eft une équation. Les deux quantitez que l'on compare font appellées *membres* de l'équation: la quantité qui eft à la gauche du figne d'égalité eft le *premier membre*, & celle qui eft à la droite eft le *fecond*; ainfi dans l'é-

quation $a+b=c$ le premier membre eſt $a+b$, & le ſecond eſt c.

129. Les nombres qui précedent les lettres, ſont appellez *coefficiens* : ainſi 3 eſt le coefficient de $3ab$. Lorſqu'une quantité incomplexe ou un terme d'une quantité complexe, n'a pas de coefficient marqué, il faut concevoir que l'unité eſt ſon coefficient ; par exemple, dans la quantité $5ab+cd$, l'unité eſtile coefficient du dernier terme cd.

130. Les quantitez incomplexes ſont appellées *ſemblables* lorſqu'elles contiennent les mêmes lettres écrites autant de fois dans chacune des quantitez ; ainſi $+3a$ & $2a$ ſont des quantitez ſemblables. Pareillement $+4aab$ & $-5aab$ ſont auſſi des quantitez ſemblables. Il paroît par cette notion & par ces exemples, qu'afin que deux quantitez ſoient ſemblables, il n'eſt pas néceſſaire qu'elles aient les mêmes ſignes, ni les mêmes coefficiens ; mais il faut qu'elles contiennent les mêmes lettres, & que ces lettres ſoient écrites autant de fois dans une quantité que dans l'autre ; c'eſt pourquoi aab & ab ne ſont pas ſemblables, parce que la lettre a eſt écrite deux fois dans la premiere quantité & une fois ſeulement dans la ſeconde. Tout cela doit auſſi s'entendre des termes des quantitez complexes.

131. Lorſqu'il y a pluſieurs termes ſemblables dans une quantité complexe, on les réunit en un ſeul terme : c'eſt ce qu'on appelle réduire les quantitez ſemblables à leurs plus ſimples expreſſions. Or cette réduction ſe fait en deux manieres, ou en ajoûtant les coefficiens, ou en ôtant l'un de l'autre. Lorſque les termes ſemblables ont les mêmes ſignes, afin de faire la réduction, il faut ajoûter les coefficiens, & écrire la ſomme avec le ſigne des termes qu'on réduit : ainſi dans la quantité $3abb+4abb+2ab$, les deux premiers termes étant ſemblables & ayant le même ſigne $+$, pour en faire la réduction, j'ajoûte les coefficiens

3. & 4 , & j'écris la somme 7 avec le signe+qui est celui des termes semblables : ainsi la quantité réduite est+7*abb*+2*ab* ou 7*abb*+2*ab*. De même pour faire la réduction des trois derniers termes de la quantité 5*bb*——3*bd*——4*bd*——*bd*, j'ajoûte les trois coefficiens, 3,4, &.1,& j'écris la somme qui est 8 avec le signe—— en cette maniere 5*bb*——8*bd*. (On a pris l'unité pour coefficient du dernier terme——*bd* , parce qu'il n'en a point qui soit marqué.) *

* 129.

Mais si les termes semblables ont des signes différens , pour lors il faut ôter le plus petit coefficient du plus grand , & écrire le reste avec le signe du plus grand coefficient: par exemple , afin de faire la réduction de la quantité—— 3*ab*+ 5*ab*+7*aa* dont les deux premiers termes sont semblables , il faut ôter 3 de 5 , & écrire 2 avec le signe+qui est celui du plus grand coefficient 5 ; ainsi la quantité réduite est+2*ab*+7*aa* ou 2*ab*+7*aa*.Pareillement afin de faire la réduction de la quantité 3*cx*——7*xx*+5*xx* , dont les deux derniers termes sont semblables , il faut ôter 5 de 7 , & écrire le reste 2 avec le signe——en cette maniere,3*cx*——2*xx*.

DE L'ADDITION.

132. L'Addition est une opération par laquelle on cherche la somme de plusieurs quantitez : par exemple, si ayant les trois nombres 6, 9 & 10, je les joins ensemble pour en avoir la somme qui est 25 ; cela s'appelle faire l'addition de ces trois nombres.

133. Afin d'ajoûter les quantitez algébriques, il n'y a qu'à les écrire telles qu'elles sont , sans rien changer aux signes qui les précedent : par exemple , si on veut ajoûter *b* ou+*b* avec *a*, on écrit *a*+*b* : mais si on vouloit ajoûter——*b* avec *a* , il faudroit mettre *a*——*b*. Pour ajoûter *c*——*d* avec *a*+*b*, on écrira *a*+*b*+*c*——*d*.Pour ajoûter—— 3*aab*+2*ad* avec 5*aab*——7*ad*+3*cd*, on écrira 5*aab*——7*ad*+3*cd*—— 3*aab*+2*ad*.

134. Lorsqu'après l'addition il y a des quantitez semblables dans la somme, il faut faire la réduction ; ainsi dans le dernier exemple qu'on vient de proposer, la somme qu'on a trouvée se réduit à $2aab$ —— $5ad$ —+— $3cd$. Souvent dans la pratique on fait la réduction en même temps que l'addition.

135. Cette opération porte sa démonstration avec elle, étant évident que la somme de a & de b est $a+b$; & que celle de a & de —— b est a —— b : ainsi des autres exemples.

DE LA SOUSTRACTION.

136. La soustraction est une opération par laquelle on ôte une grandeur d'une autre. Ainsi, si on ôte 4 de 7, c'est une soustraction. La grandeur qui résulte après la soustraction est appellée *reste* ou *différence*. Dans l'exemple proposé 3 est le reste ou la différence.

137. Pour ôter une quantité algébrique d'une autre, il faut changer les signes de la quantité à soustraire, & laisser ceux de la quantité dont on veut soustraire. Exemples : pour ôter b ou $+b$ de a, il faut écrire a —— b : mais pour ôter —— b de a, il faut écrire $a+b$. Pour soustraire c —— d de $a+b$, on écrira $a+b$ —— $c+d$. Pour soustraire —— $3aab+2ad$ de $5aab$ —— $7ad+3cd$, on écrira $5aab$ —— $7ad+3cd+3aab$ —— $2ad$.

138. Lorsqu'après la soustraction il y a des quantitez semblables dans le reste, il faut faire la réduction ; ainsi dans le dernier exemple qu'on vient de proposer, le reste qu'on a trouvé se réduit à $8aab$ —— $9ad+3cd$. Souvent dans la pratique on fait la réduction en même temps que la soustraction.

On entend facilement pourquoi dans la quantité à soustraire on change le signe de plus en moins : par exemple, si on veut ôter b de a, il est évident que le reste sera a —— b. Mais on ne voit pas d'abord pourquoi on change le signe de moins en plus : par exemple, si on veut ôter ——b de a, & qu'on écrive $a+b$ selon la regle prescrite, il semble que l'on aura fait le contraire de ce que l'on se proposoit ; parce que $a+b$ est plutôt une somme qu'un reste.

139. Pour faire comprendre la raison de la regle dans le cas où il y a des signes de moins dans la quantité à soustraire, nous allons prendre un exemple en nombre. Supposons donc qu'il s'agisse de soustraire 7——3 de 12 : je dis qu'il faut écrire 12——$7+3$: car si on écrit 12——7, il est évident qu'on a trop ôté de 12, parce qu'on ne veut pas ôter 7 de 12, mais seulement 7——3 qui est moindre que 7 ; par conséquent il faut ajoûter 3 qu'on a ôté de trop en mettant 12——7, c'est-à-dire, qu'il faut écrire 12——$7+3$ $=8$.

Que s'il s'agit d'ôter une quantité négative toute seule, il est encore évident qu'il faut changer le signe de moins en plus : par exemple, si on veut soustraire ——b de a, il faut écrire $a+b$. Car ôter une quantité négative, c'est en ajoûter une positive ; comme si un homme devant cent écus, on lui ôte, c'est-à-dire, qu'on lui remette cette dette qui est une quantité négative, c'est la même chose que si on lui donnoit cent écus ; par conséquent afin de faire la soustraction, il faut changer les signes de la quantité à soustraire, en mettant moins à la place de plus, & plus à la place de moins.

DE LA MULTIPLICATION.

140. Multiplier une grandeur par une autre, c'est prendre la premiere autant de fois qu'il est marqué par la seconde : par exemple, multiplier 5 par 3, c'est prendre 5 autant de fois qu'il est marqué par 3 ; c'est-à-dire trois fois : ce qui fait 15. Il y a trois choses à distinguer dans la multiplication ; sçavoir, le *multiplicande*, le *multiplicateur* & le *produit*.

Le multiplicande ou le multiplié, c'eſt la grandeur qu'on multiplie. Le multiplicateur eſt celle par laquelle on multiplie, & le produit eſt la quantité qui réſulte de la multiplication : dans l'exemple propoſé 5 eſt le multiplicande ou le multiplié, 3 eſt le multiplicateur, & 15 eſt le produit.

Cette notion de la multiplication convient aux quantitez litterales ou algébriques auſſi-bien qu'aux nombres, en ſorte que multiplier *a* par *b*, c'eſt prendre la grandeur *a* autant de fois qu'il eſt marqué par *b*.

141. On peut donc définir la multiplication, une opération par laquelle on cherche une grandeur qu'on nomme produit qui contienne autant de fois le multiplié, que le multiplicateur contient l'unité : par exemple, ſi on multiplie 6 par 4, on trouvera pour produit un nombre, ſçavoir 24, qui contient 6 quatre fois, de même que 4 contient 1 quatre fois. Cela eſt évident par l'expreſſion même dont on ſe ſert dans la multiplication des nombres, puiſque pour multiplier 6 par 4, on dit quatre fois 6 ; le produit doit donc contenir 6 quatre fois, c'eſt-à-dire, autant de fois que 4 contient l'unité. Cette définition convient également aux quantitez litterales.

142. Le produit de deux grandeurs algébriques ſe marque en mettant l'une à côté de l'autre ; ainſi *ab* déſigne le produit de *a* par *b* : *aa* ſignifie pareillement le produit de *a* par *a*. Pour marquer la multiplication, on ſe ſert auſſi du ſigne × en le mettant entre les deux grandeurs qu'on multiplie : par exemple *a×b* exprime le produit de *a* par *b* : *a×a* marque auſſi le produit de *a* par *a*. Il eſt plus ordinaire de placer une lettre à côté de l'autre ſans mettre aucun ſigne entre deux, comme nous l'avons dit d'abord.

143. Le multiplicande & le multiplicateur ſont ſouvent appelez les *racines* du produit : par exemple, *a* & *b* ſont les racines du produit *ab* ; & lorſque les deux ra-

cines d'un produit font égales , on les appelles *racines
quarrées*. Ainſi *a* eſt la racine quarrée du produit *aa*.
Dans la ſuite nous parlerons plus au long des racines.

144. On diſtingue deux ſortes de multiplications
algébriques, celle des quantitez incomplexes & celle
des quantitez complexes. Nous en traiterons ſéparé-
ment. Mais avant d'expliquer les regles de l'une &
l'autre multiplication , il eſt néceſſaire de démontrer
que quand on multiplie pluſieurs grandeurs , comme
a , *b* , *c* , les unes par les autres , le produit eſt toûjours le même , quelque ordre qu'on obſerve dans la
multiplication ; c'eſt–à–dire , que les produits *abc* , *acb* ,
bac , *bca* , *cab* , *cba* , ſont égaux : & de même tous les
produits qu'on peut former de quatre grandeurs ſont
égaux : pareillement tous les produits qu'on peut faire
de cinq grandeurs ſont égaux : ainſi de ſuite.

145. Remarquez que deux grandeurs *a* & *b* peuvent recevoir deux arrangemens differens , *ab* , *ba*.
Trois grandeurs *a* , *b* , *c* , peuvent recevoir trois fois
deux ou 6 arrangemens : car chacune des trois étant
miſe dans le premier rang , les deux autres peuvent
recevoir deux arrangemens : ce qui fait trois fois deux
ou 6 arrangemens que voici , *abc* , *acb* ; *bac* , *bca* ; *cab* ,
cba. Quatre grandeurs , *a* , *b* , *c* , *d* , peuvent recevoir
4 fois 6 ou 24 arrangemens : car chacune étant miſe au
premier rang , les trois autres peuvent recevoir ſix
arrangemens , ce qui fait 4 fois 6 ou 24 que voici :
abcd , *abdc* , *acbd* , *acdb* , *adbc* , *adcb* ; *bacd* , *badc* , *bcad* , *bcda* ,
bdac , *bdca* ; *cabd* , *cadb* , *cbad* , *cbda* , *cdab* , *cdba* ; *dabc* ,
dacb , *dbac* , *dbca* , *dcab* , *dcba*. De même cinq grandeurs
peuvent recevoir 5 fois 24 ou 120 arrangemens : ſix
en peuvent recevoir 6 fois 120 ou 720 ; ainſi de ſuite.

On ſuppoſe ordinairement comme une choſe qui
n'a pas beſoin de démonſtration , que le produit de
deux grandeurs ſeulement eſt toûjours le même , de
quelque maniere que ces deux grandeurs ſoient mul-

tipliées : par exemple , le produit de 4 & 3 est toûjours le même , soit que l'on multiplie 4 par 3 ou 3
par 4 : on peut s'en convaincre en cette maniere.

146. Supposons qu'il y ait 12
points arrangez comme on le
voit ; il est évident que dans ces
12 points , il y a trois rangs,
comme le superieur qui est mar-
qué par mn , dont chacun contient 4 points ; & par
conséquent ces 12 points contiennent 3 fois 4 points,
ni plus ni moins. Il est pareillement évident que dans
ces 12 points il y a quatre colomnes comme celle
qui est marquée par mp, dont chacune contient 3 points;
ainsi ces 12 points contiennent aussi 4 fois 3 points ;
donc le produit de 4 par 3 est égal à celui de 3 par 4,
puisque l'un & l'autre est 12. On peut dire la même
chose de deux autres nombres , ou deux autres quantitez telles qu'elles soient : par exemple , si on multiplie a par bc , que l'on peut regarder comme une
seule grandeur , le produit $a \times bc$ ou abc est égal à celui de bc par a.

Cela posé , nous allons démontrer dans le lemme
suivant que tous les produits des trois grandeurs a, b, c,
sont égaux ; que tous ceux qui viennent des quatre
grandeurs a , b , c , d , sont égaux , &c.

LEMME.

147. *Les produits qui naissent de la multiplication des
mêmes grandeurs sont égaux , en quelque ordre qu'on multiplie ces grandeurs.*

1°. Tous les produits des trois grandeurs , a , b , c,
sont égaux : car si entre les six produits qui peuvent
venir de la multiplication des trois grandeurs a , b , c,
on prend les deux abc & acb où la lettre a est la premiere , il est facile de faire voir qu'ils sont égaux ,
puisque les deux produits bc & cb étant égaux , comme
on l'a prouvé , il s'ensuit qu'en multipliant a par bc

& par cb, les deux nouveaux produits $a \times bc$ & $a \times cb$ ou abc & acb sont aussi égaux. Par la même raison les deux produits bac & bca dans lesquels la lettre b est la premiere, sont encore égaux. Enfin les deux autres produits cab & cba, où la lettre c est la premiere sont pareillement égaux entr'eux. Il ne s'agit donc plus que de faire voir qu'un des produits égaux abc & acb dont la lettre a occupe le premier rang, est égal à un des produits dont chacune des deux autres lettres b & c tient la premiere place : c'est ce que je démontre en cette maniere : le produit de a par bc est égal à celui de bc par a * ; ainsi $abc = bca$. Pareillement le produit de a par cb est égal à celui de cb par a * ; ainsi $acb = cba$. Par conséquent les six produits qu'on peut former des trois grandeurs a, b, c, sont égaux.

* 146.

* 146.

2°. Les 24 produits qu'on peut former des quatre grandeurs a, b, c, d, sont égaux. Car entre ces 24 produits, il est clair que les six où la lettre a est la premiere sont égaux entr'eux, puisque les six produits des trois grandeurs b, c, d, étant égaux, il faut que les six produits suivans $a \times bcd$, $a \times bdc$, $a \times cbd$, $a \times cdb$, $a \times dbc$, $a \times dcb$, soient aussi égaux entr'eux. Par la même raison les six produits où chacune des trois autres lettres b, c, d, occupe la premiere place sont égaux entr'eux. Il reste donc à démontrer qu'il y a un produit dans les six dont a occupe la premiere place, égal à un des six produits, où chacune des trois autres lettres b, c, d, occupe la premiere place : ce qui se prouve de la même maniere que dans la premiere partie ; il suffit d'exposer les égalitez suivantes, $a \times bcd = bcd \times a$; $abd \times c = c \times abd$; $acb \times d = d \times acb$.

Il est visible qu'en se servant de la même méthode, on fera voir que tous les produits qui viennent de la multiplication des cinq grandeurs a, b, c, d, e, sont égaux ; ainsi de suite.

148. Quoique l'on puiſſe donner quel rang on veut aux différentes lettres d'un produit, cependant il eſt bon de les écrire toûjours ſuivant le rang qu'elles ont dans l'Alphabet : par exemple, dans un produit compoſé des trois lettres a, b, c ; il faut toûjours écrire abc, & non pas bac, ou cab, &c. la pratique de cette remarque fait éviter des fautes de calcul.

DE LA MULTIPLICATION
des quantitez incomplexes.

Il y a trois regles à obſerver dans la multiplication de l'Algebre : la premiere regarde les ſignes de plus & de moins qui précedent les quantitez qu'il faut multiplier l'une par l'autre : la ſeconde eſt pour les coefficiens : & la troiſiéme pour les lettres qui déſignent les grandeurs.

149. I. Regle. Lorſque le multiplicande & le multiplicateur ont le ſigne $+$, on doit mettre $+$ au produit. Lorſque l'un a le ſigne $+$, & l'autre le ſigne $-$, il faut mettre $-$ au produit. Enfin lorſque le multiplicande & le multiplicateur ont tous les deux le ſigne $-$, il faut mettre $+$ au produit. Voici des exemples pour ces trois cas. Premier cas. $+a$ multiplié par $+b$ donne $+ab$. Second cas. $+a$ multiplié par $-b$ donne $-ab$, & de même $-a$ multiplié $+b$ donne $-ab$. Troiſiéme cas. Enfin $-a$ multiplié par $-b$ donne $+ab$. Nous nous ſervirons dans la ſuite du ſigne de la multiplication afin d'abréger ; ainſi au lieu d'écrire $-a$ multiplié par $-b$ donne $+ab$, nous mettrons $-a \times -b$ donne $+ab$, ou bien $-a \times -b = +ab$. Pareillement, au lieu d'écrire $+a$ multiplié par $-b$ donne $-ab$, nous mettrons $+a \times -b$ donne $-ab$, ou bien $+a \times -b = -ab$.

On peut réduire les trois cas de cette regle à deux ſeulement, en diſant que quand le multiplicande & le multiplicateur ont des ſignes ſemblables, ſoit qu'ils ayent tous les deux $+$ ou tous les deux $—$, on doit mettre $+$ au produit : mais au contraire, lorſque ces ſignes ſont différens, c'eſt-à-dire, que l'un eſt $+$ & l'autre eſt $—$, il faut mettre $—$ au produit.

150. II. REGLE. On multiplie les coefficiens comme tous les autres nombres : mais il faut ſe ſouvenir que quand une quantité littérale n'a pas de coefficient marqué, on ſuppoſe que l'unité eſt le coefficient de cette quantité. Voici des exemples. $+3a\times+2b$ donne $+6ab$. $—4a\times+b=—4ab$. $+5a\times+4c=20ac$.

151. III. RÉGLE. Pour marquer que deux quantitez littérales ou algébriques ſont multipliées l'une par l'autre, on écrit ces lettres à côté l'une de l'autre, ou bien on met le ſigne $\times$ entre deux, comme nous l'avons déja dit : ainſi le produit de a par b eſt ab, celui de ab par c eſt abc, celui de aa par ac eſt $aaac$.

152. Lorſqu'une lettre eſt écrite pluſieurs fois dans un même terme, alors on peut ne l'écrire qu'une fois en mettant à la droite de cette lettre un chiffre qui marque combien de fois elle doit être écrite : par exemple, a^2 ſignifie la même choſe que aa ; pareillement $a^3c=aaac$; $a^3b^2=aaabb$. Ce chiffre que l'on met à la droite d'une lettre pour marquer combien de fois elle doit être écrite dans un terme, eſt appellé *expoſant* : ainſi dans les termes a^2, b^5, c^4, les chiffres 2, 5 & 4 ſont les expoſans. Il paroît par ces exemples que les expoſans doivent être un peu plus élevez que les lettres.

REMARQUES.

I.

153. Quand une lettre n'eſt écrite qu'une fois, & qu'elle n'a pas d'expoſant marqué, pour lors il faut concevoir que l'unité eſt ſon expoſant : par exemple, $a=a^1$; $ab^3=a^1b^3$; $ac=a^1c^1$.

II.

154. Il y a une grande difference entre le coefficient & l'expofant d'une lettre : $3a$, par exemple, eft fort different de a^3. Pour s'en convaincre, il n'y a qu'à fuppofer que a fignifie 4, alors $3a$ exprimera 3 fois 4, c'eft-à-dire 12, au lieu que a^3 ou aaa fera égal à 64 : car aa ou 4×4 eft égal à 16 ; par conféquent fi on multiplie encore aa ou 16 par $a=4$, le produit aaa fera 64.

III.

155. Lorfque dans le multiplicande & le multiplicateur, il y a une même lettre avec des expofans égaux ou inégaux, pour lors on écrit une feule fois cette lettre au produit avec la fomme des expofans. Exemples. $a^2\times a^3=a^5$; $a\times a^3=a^4$; $a^3 b^4\times a^5 b^2=a^8 b^6$; $4a^2\times 5ab^3=20a^3 b^3$. Voici la raifon de cette remarque : $a^2=aa$ & $a^3=aaa$. Or $aa\times aaa=aaaaa$ ou a^5 ; donc $a^2\times a^3=a^5$. Cette raifon peut s'appliquer à tous les autres exemples. On voit encore par-là, qu'il faut mettre de la difference entre les coefficiens & les expofans, puifque l'on multiplie toujours les coefficiens ; au lieu que l'on ne fait qu'ajoûter les expofans de la même lettre qui fe trouve au multiplicande & au multiplicateur.

La troifiéme regle qui eft celle des lettres ne doit pas être démontrée ; d'autant que l'une & l'autre maniere marquée dans cette troifiéme regle pour défigner un produit eft entierement arbitraire.

La feconde regle n'a pas nonplus befoin de démonftration ; car les coefficiens étant des nombres, il eft évident qu'il faut les multiplier comme on fait les nombres : par exemple, fi on veut multiplier $3a$ par $2b$, il eft clair que l'on doit prendre deux fois 3, & qu'ainfi il faut mettre 6 au produit. Il n'y a donc que la premiere regle qui eft celle des fignes, qui demande une démonftration particuliere. Lorfqu'on veut énoncer

cette

cette regle , on s'exprime en cette maniere : plus par plus donne plus , plus par moins ou moins par plus donne moins : enfin moins par moins donne plus : mais pour marquer ces trois cas par écrit , il suffit de mettre , pour le premier cas $+ \times + $ donne $+$; pour le second $+ \times -$ ou $- \times +$ donne $-$; enfin pour le troisiéme $- \times -$ donne $+$.

156. Afin d'entendre la démonstration que nous allons donner pour la premiere regle, il faut sçavoir que quand le multiplicateur a le signe $+$ la multiplication se fait toûjours par addition, c'est-à-dire , que l'on ajoûte ou que l'on prend le multiplicande autant de fois qu'il est marqué par le multiplicateur : par exemple , si le multiplicande est a & le multiplicateur $+b$, en multipliant a par $+b$, on prend a autant de fois qu'il est marqué par b. D'où il suit au contraire que quand le multiplicateur a le signe $-$, la multiplication se fait par voye de soustraction, c'est-à-dire , qu'on ôte le multiplicande autant de fois qu'il est marqué par le multiplicateur ; ainsi pour multiplier a par $-b$, il faut ôter a autant de fois qu'il est marqué par b. Cela posé , la démonstration suivante s'entendra facilement.

DÉMONSTRATION.

157. I. CAS. $+ \times +$ donne $+$: car pour lors le multiplicateur a le signe $+$; & par conséquent la multiplication se fait par addition. Mais d'ailleurs le multiplicande ayant aussi le signe $+$; c'est une quantité positive ; ainsi en multipliant plus par plus , on ajoûte ou l'on prend plusieurs fois une quantité positive , sçavoir le multiplicande ; donc le produit est une somme de grandeurs positives ; par conséquent elle doit être precedée du signe $+$; donc $+ \times +$ donne $+$.

II. CAS. $+ \times -$ ou $- \times +$ donne $-$. En premier lieu $+ \times -$ donne $-$: car puisque le multiplicateur a le signe $-$, la multiplication se fait par voye de sou-

ftraction ; c'eft-à-dire, qu'on ôte le multiplicande autant de fois qu'il eft marqué par le multiplicateur ;
par conféquent on doit changer le figne du multiplicande *. Or le multiplicande a le figne +; donc le produit doit avoir le figne ——. En fecond lieu —— × + donne ——. Car pour lors le multiplicateur ayant le figne
+, & le multiplicande le figne ——; on ajoûte, c'eft-
à-dire, qu'on prend plufieurs fois une quantité négative, fçavoir le multiplicande : donc le produit eft
une fomme de quantitez négatives ; & par conféquent
il doit avoir le figne ——.

III. Cas. Enfin —— × —— donne + : car dans ce cas,
le multiplicateur ayant le figne ——, le multiplicande
eft fouftrait autant de fois qu'il eft marqué par le multiplicateur ; par conféquent il faut changer le figne
du multiplicande *. Or le multiplicande a le figne ——;
donc le produit doit avoir le figne +.

Pour entendre mieux la démonftration de ce troifiéme cas il faut faire attention à la fignification de
ces termes, *multiplier moins par moins*, aufquels les
commençants n'attachent fouvent aucune idée diftin-
éte. Je dis donc que ces mots *multiplier moins par moins*
fignifient la même chofe que fouftraire une ou plufieurs quantitez négatives. En premier lieu il eft clair
par l'article 156 que multiplier par moins veut dire
fouftraire : car pour lors le multiplicateur, que le mot
par défigne toûjours, a le figne moins. Or quand le
multiplicateur a le figne moins, la multiplication fe
fait par fouftraction. En fecond lieu, quand on dit
multiplier moins, cela marque que le multiplicande eft
une quantité négative, puifqu'il eft alors précédé du
figne ——. Il paroît donc que multiplier moins par
moins ne veut dire autre chofe que fouftraire une ou
plufieurs quantitez négatives. Or il eft évident que
pour fouftraire des quantitez négatives il faut changer le figne de moins en celui de plus. Par conféquent

le réſultat ou le produit de la multiplication de moins par moins doit être précedé du ſigne $+$.

D'ailleurs le premier cas de cette démonſtration ne ſouffre aucune difficulté : car ſi on a , par exemple, 5 grandeurs poſitives, & qu'on les multiplie par $+$ 3 , c'eſt-à-dire, qu'on les prenne autant de fois qu'il eſt marqué pàr le multiplicateur 3 , il eſt évident que le produit ſera une ſomme de grandeurs poſitives ; & par conſéquent ce produit doit être précedé du ſigne $+$. Il ne peut donc y avoir de difficulté que dans les deux derniers cas , & ſur-tout dans le troiſiéme. Or il eſt facile de faire voir que ces deux derniers cas ſuivent du premier. Je dis d'abord que ſi $+ a \times + b$ donne $+ ab$, il faut que $+ a \times - b$ donne $- ab$. Car le produit de $+ a$ par $- b$, doit avoir un ſigne oppoſé à celui de $+ a$ par $+ b$. Or le produit de $+ a$ par $+ b$ donne le ſigne $+$; donc le produit de $+ a$ par $- b$ doit avoir le ſigne $-$. La même raiſon fait auſſi voir que le produit de $- a$ par $+ b$ doit avoir le ſigne $-$.

Ce ſecond cas étant prouvé ; on démontre ainſi le troiſiéme, en ſe ſervant du même ráiſonnement. Le produit de $- a$ par $- b$, doit avoir un ſigne différent de celui de $+ a$ par $- b$. Or on vient de faire voir que ce dernier produit doit avoir le ſigne $-$; donc le premier doit être précedé du ſigne $+$.

On peut donner pluſieurs autres démonſtrations de la troiſiéme regle : mais celles que l'on vient de voir ſuffiſent, pour être pleinement convaincu de la vérité de cette regle. Il nous reſte à parler en peu de mots de la multiplication des quantitez complexes , qui ne ſouffre aucune difficulté , après ce que nous avons dit ſur la multiplication des quantitez incomplexes.

DE LA MULTIPLICATION
des quantitez complexes.

158. Lorſque l'on veut multiplier deux quantitez

complexes l'une par l'autre ; il faut multiplier le multiplicande entier par chacun des termes du multiplicateur , en obfervant les trois regles prefcrites pour la multiplication des quantitez incomplexes ; & après qu'on a achevé ces multiplications, il faut ajoûter tous les produits particuliers ; la fomme fera le produit total des deux quantitez complexes.

EXEMPLE I.

Si on veut multiplier $a——3b$ par $2c——d$, il faut écrire ces deux quantitez , en forte que le multiplicateur foit fous le multiplicande , & tirer une ligne au-deffous du multiplicateur.

$$a——3b$$
$$2c——d$$
$$\overline{}$$
$$2ac——6bc$$
$$——ad+3bd$$
$$\overline{}$$
$$2ac——6bc——ad+3bd$$

Après cela il faut multiplier le multiplicande $a——3b$, 1°. par $2c$; le produit fera $2ac——6bc$. 2°. par $——d$; le produit fera $——ad+3bd$: enfin il faut ajoûter ces deux produits particuliers; la fomme $2ac——6bc——ad+3bd$ fera le produit total.

EXEMPLE II.

$a+b$ multiplicande.
$a——b$ multiplicateur.

a^2+ab premier produit particulier.
$——ab——bb$ fecond produit particulier.

$a^2——bb$ produit total.

Dans cet exemple les deux termes $+ab$ & $——ab$ ont difparu en faifant la réduction.

DE LA DIVISION.

159. Divifer une grandeur par une autre, c'eft chercher combien de fois la feconde eft contenuë dans

la premiere: par exemple, diviser *ab* par *a*, c'est chercher combien de fois *a* est contenu dans *ab*. Il y a trois choses à distinguer dans la division, le *dividende*, le *diviseur* & le *quotient*. Le dividende est la grandeur à diviser. Le diviseur est la grandeur par laquelle on divise, & le quotient est celle qui marque combien de fois le diviseur est contenu dans le dividende : dans l'exemple proposé, *ab* est le dividende, *a* est le diviseur, & on verra dans la suite que *b* est le quotient.

160. On peut donc définir la division une opération par laquelle on cherche une grandeur qu'on appelle quotient, qui marque combien de fois le dividende contient le diviseur. Si on divise 18 par 6, on trouvera pour quotient 3 qui marque combien de fois le dividende 18 contient le diviseur 6.

161. Il suit de cette définition que le dividende contient autant de fois le diviseur, que le quotient contient l'unité. Dans l'exemple qu'on vient de proposer, le dividende 18 contient le diviseur 6 autant de fois que le quotient 3 contient l'unité. Pareillement *ab* contient autant de fois *a*, que le quotient *b* contient l'unité.

162. Pour marquer que l'on veut diviser une grandeur par une autre, on écrit le diviseur au-dessous du dividende, & on tire une petite ligne entre deux : par exemple, si on veut indiquer la division de *ab* par *a*, on écrit $\frac{ab}{a}$. Que si la division peut se faire, on met le signe d'égalité à la suite de la petite ligne qui sépare le dividende du diviseur, & on écrit le quotient après ce signe d'égalité. Ainsi *b* étant le quotient de *ab* divisé par *a*, on écrit $\frac{ab}{a} = b$. Pareillement on écrit $\frac{18}{6} = 3$ pour marquer que 3 est le quotient de 18 divisé par 6.

163. Remarquez que la multiplication & la division

font des opérations oppofées, en forte que l'une re-
met les chofes au même état où elles étoient avant
l'autre : par exemple, fi on divife 18 par 6, on trouvera 3 au quotient ; & fi après cela on vient à multiplier 6 par 3, le produit fera 18 qui eft le nombre
qu'on a divifé par 6. En général on peut dire que fi
on multiplie le quotient par le divifeur, ou le divifeur par le quotient, le produit eft égal au dividende :
car felon la notion de la divifion, le quotient marque
combien de fois le divifeur eft contenu dans le dividende ; par conféquent en prenant le divifeur autant
de fois qu'il eft marqué par le quotient, l'on doit
avoir une grandeur égale au dividende, ou plutôt on
doit avoir le dividende même. Or prendre le divifeur
autant de fois qu'il eft marqué par le quotient, c'eft
multiplier le divifeur par le quotient. Donc fi on multiplie le divifeur par le quotient, le produit eft le dividende même. Cette remarque fervira à entendre ce
que nous dirons dans la fuite.

Il y a deux fortes de divifions algébriques, fçavoir,
celle des quantitez incomplexes, & celle des quantitez complexes.

DE LA DIVISION
des quantitez incomplexes.

Nous avons dit qu'il y a trois regles à obferver dans
la multiplication des quantitez incomplexes. Il y en a
de même trois dans la divifion qui répondent à celles
de la multiplication. La premiere regarde les fignes
de plus & de moins du dividende & du divifeur. La
feconde eft pour les coefficiens ; & la troifiéme pour
les lettres.

164. I. REGLE. Lorfque le dividende & le divifeur
ont tous les deux le figne +, on doit mettre + au quotient. Si un des deux a le figne — & l'autre +, on met-

tra——au quotient. Enfin lorſque le dividende & le diviſeur ont tous les deux le ſigne——, on doit mettre ┼au quotient. On peut réduire les trois cas de cette regle à deux ſeulement, en diſant que quand les ſignes du diviſeur & du dividende ſont ſemblables, il faut mettre┼au quotient, & quand ils ſont différens, il faut mettre——.

165. II. REGLE. On diviſe les coefficiens comme tous les autres nombres ; mais il faut ſe ſouvenir que quand une grandeur n'a pas de coefficient marqué, on ſuppoſe toûjours qu'elle a l'unité pour coefficient. Voici des exemples de cette ſeconde regle : ſi on veut diviſer $12ab$ par $3a$, il faudra écrire 4 pour coefficient du quotient ; parce que 3 eſt contenu quatre fois dans 12. Pareillement $5ab$ diviſé par a, donne 5 pour coefficient du quotient, parce que 1 qui eſt le coefficient du diviſeur eſt contenu 5 fois dans 5.

166. III. REGLE. Cette troiſiéme regle qui eſt celle des lettres, conſiſte à effacer les lettres communes au dividende & au diviſeur, après quoi ce qui reſte au dividende eſt le quotient de la diviſion, pourvû que le diviſeur ſoit entierement effacé : par exemple, le quotient de ab diviſé par a eſt b, parce qu'après avoir effacé a qui eſt une lettre commune au dividende & au diviſeur, il reſte b dans le dividende. Pareillement a^5b^2, ou $aaaabb$ diviſé par a^3b ou $aaab$ donne au quotient aab, parce qu'après avoir effacé a^3b dans le dividende, il reſte aab. Voici differens exemples où les trois regles ſont appliquées.

$$\text{I.} \quad \frac{+12a^2x}{+12a} = ax \qquad \text{II.} \quad \frac{+20ab^3}{-4ab} = -5b^2$$

$$\text{III.} \quad \frac{-30adx}{+6ax} = -5d \qquad \text{IV.} \quad \frac{-28a^4b^5}{-7a^4b^3} = 4b^2$$

Remarques.

I.

167. Si le dividende & le diviseur étoient une même quantité, le quotient seroit l'unité. Exemples.

$$\frac{a}{a} = 1. \quad \frac{a^3 b}{a^3 b} = 1. \quad \frac{-5 a^2 b^4}{+5 a^2 b^4} = -1.$$ La raison de cette remarque est que le quotient exprime combien de fois le diviseur est contenu dans le dividende. Or toute grandeur est contenuë une fois dans elle-même ; & par conséquent l'unité est le quotient d'une quantité divisée par elle-même.

II.

168. S'il reste encore quelque chose au diviseur après avoir effacé les lettres communes au diviseur & au dividende, alors la division ne peut se faire exactement : par exemple, on ne peut faire la division de $a^2 b$ par ac, ni celle de $a^3 b^4$ par $a^4 b$; parce qu'après avoir effacé les lettres communes au diviseur & au dividende, il reste c au diviseur du premier exemple, & a au diviseur du second. Dans ces cas on se contente d'indiquer la division en cette maniere,

$$\frac{a^2 b}{ac} \;\&\; \frac{a^3 b^4}{a^4 b} \quad \text{ou bien,} \quad \frac{ab}{c} \;\&\; \frac{b^3}{a},$$ en effaçant les lettres communes. Pareillement si le dividende & le diviseur n'avoient aucune lettre commune, on indiqueroit la division de la même maniere : ainsi pour marquer la division de a par b, on écrit $\frac{a}{b}$.

III.

169. Quand il se trouve une même lettre dans le dividende & dans le diviseur, alors pour faire la division on ôte l'exposant du diviseur de l'exposant du dividende.

Exemples. $\dfrac{a^5}{a^2} = a^{5-2} = a^3$ $\dfrac{a^3}{a} = a^{3-1} = a^2$. Cette

remarque qui fuit évidemment de la troifiéme regle ,
répond à une autre remarque que nous avons faite fur
la multiplication en pareil cas * , & dans laquelle nous.* 155.
avons dit qu'il falloit ajoûter les expofans de la lettre
commune au multiplicande & au multiplicateur

170. La premiere regle * qui eft celle des fignes , * 164.
eft fondée fur ce que le produit du divifeur par le quotient , doit être le même que le dividende. Or afin que
ce produit ne differe pas du dividende , il eft néceffaire d'obferver la regle que nous avons propofée : car,
par exemple , fi le dividende ayant le figne $+$, & le
divifeur le figne $-$, on mettoit $+$ au quotient , il eft
évident qu'en multipliant le divifeur qu'on fuppofe
avoir le figne $-$ par le quotient qui auroit le figne
$+$, le produit devroit avoir $-$, parce que $- \times +$
donne $-$; par conféquent le figne du produit feroit
different de celui du dividende : ce qui eft impoffible.

171. La feconde regle qui eft celle des coefficiens.
ne renferme aucune difficulté particuliere : car les coefficiens étant des nombres , il eft clair qu'on doit opérer fur eux comme on fait dans la divifion des autres
nombres.

172. La troifiéme regle eft encore une fuite de la remarque que nous avons faite en difant que le produit
du divifeur par le quotient , ou du quotient par le divifeur , eft la même grandeur que le dividende : car la
multiplication du quotient par le divifeur fe fait en
écrivant le divifeur à côté du quotient ; & par conféquent , afin que le produit de cette multiplication ne
differe pas du dividende , il faut qu'en faifant la divifion on ait effacé dans le dividende les lettres qui font
auffi dans le divifeur. En un mot, dans la divifion on
efface du dividende les lettres qui fe trouvent dans
le divifeur ; & le refte eft le quotient : au contraire
dans la multiplication du quotient par le divifeur , on
remet dans le quotient les lettres du divifeur qui

avoient été effacées ; ainsi le produit de cette multi-plication est la même grandeur que le dividende : par exemple si on divise abc par bc, on efface bc du divi-dende abc, & il reste a pour quotient : & dans la multiplication du quotient a par le diviseur bc, on re-met bc avec a ; & par conséquent le produit est la même grandeur que le dividende.

DE LA DIVISION
des quantitez complexes.

173. Si le dividende est complexe & le diviseur in-complexe, voici les opérations qu'il faut faire afin de pratiquer la division.

1°. Diviser le premier terme du dividende par le diviseur, en observant les trois regles prescrites pour la division des quantitez incomplexes ; & ensuite écrire le quotient à part.

2°. Multiplier le diviseur par le terme qu'on vient d'écrire au quotient.

3°. Soustraire le produit qui est venu de la multipli-cation, le soustraire, dis-je, du dividende : ce qui se fait en changeant le signe du produit.

4°. Enfin faire la réduction des termes semblables qui se présentent après la soustraction.

Ces quatre opérations doivent être appliquées sur les autres termes du dividende successivement. De ces quatre opérations les trois premieres ont lieu dans la division des nombres, il n'y a que la quatriéme qui soit particuliere à la division algébrique.

EXEMPLE.

Soit la quantité $4a^5b^4 - 6a^3b^2 + 2a^2b^3$ à diviser par $2a^2b$.

Ayant écrit le diviseur à la droite du dividende & tiré une ligne au-dessous de l'un & de l'autre, ayant aussi tiré une seconde ligne qui sépare le dividende du diviseur comme on le voit :

$$4a^5b^4 \longrightarrow 6a^3b^2 + 2a^2b^3$$
$$\circ \qquad \circ \qquad \circ \qquad \left\{ 2a^2b \right.$$
$$\overline{}$$
$$\longmapsto 4a^5b^4 + 6a^3b^2 \longrightarrow 2a^2b^3 \qquad \left\{ 2a^3b^3 \longrightarrow 3ab + b^2 \right.$$
$$\circ \qquad \circ \qquad \circ$$

1°. Je divise le premier terme $4a^5b^4$ du dividende par le diviseur $2a^2b$, le quotient est $2a^3b^3$; j'écris donc le quotient $2a^3b^3$ sous le diviseur, comme il paroît dans cet exemple. 2°. Je multiplie le diviseur $2a^2b$ par le quotient $2a^3b^3$, le produit est $+4a^5b^4$. 3°. Je souftrais ce produit du dividende en écrivant $\longrightarrow 4a^5b^4$ sous le terme semblable $4a^5b^4$. 4°. Enfin je fais la réduction, en effaçant les deux termes $4a^5b^4 \longrightarrow 4a^5b^4$ qui se détruisent. (Au lieu d'effacer les termes, on a mis au-deſſous un zero pour la commodité de l'impreſſion.

Je fais enſuite les quatre mêmes opérations ſur le ſecond terme $\longrightarrow 6a^3b^2$ du dividende, & après ſur le troiſiéme $+2a^2b^3$. La diviſion étant achevée, on trouvera que le quotient entier ſera $2a^3b^3 \longrightarrow 3ab + b^2$.

174. Lorſque le diviſeur eſt une quantité complexe auſſi-bien que le dividende, on fait les quatre mêmes opérations ſur le premier membre du dividende ; & ſi après la réduction il y a encore des termes qui ne ſoient pas effacez dans le dividende, on fait auſſi les quatre opérations ſur les termes du dividende qui n'ont pas été effacez dans la réduction, & on continuë de même juſqu'à ce qu'il ne reſte plus rien dans le dividende, ſi cela eſt poſſible.

175. Il faut remarquer qu'en faiſant la premiere des quatre opérations qui eſt la diviſion, on ne ſe ſert que du premier terme du diviſeur : mais dans la ſeconde opération, on multiplie tous les termes du diviſeur par celui qu'on a écrit au quotient, en faiſant la premiere opération ; & tous les termes du produit doivent être ſouſtraits du dividende. On entendra cela par un exemple.

Exemple I.

Soit la quantité $a^3 - 3a^2b + 3ab^2 - b^3$ à diviser par $a^2 - 2ab + b^2$. Après avoir disposé ces deux quantitez comme dans l'exemple précedent.

$$
\begin{array}{l}
a^3 - 3a^2b + 3ab^2 - b^3 \\
\hline
- a^3 + 2a^2b - ab^2 \\
\qquad - a^2b + 2ab^2 \\
\qquad + a^2b - 2ab^2 + b^3
\end{array}
\quad
\left\{
\begin{array}{l}
a^2 - 2ab + b^2 \\
\hline
a - b
\end{array}
\right.
$$

Je divise d'abord le premier terme a^3 du dividende par le premier terme a^2 du diviseur, & j'écris a au quotient. 2°. Je multiplie le diviseur entier par le quotient a. 3°. Je souftrais du dividende le produit $a^3 - 2a^2b + ab^2$: ce qui se fait en changeant les signes & en écrivant $-a^3 + 2a^2b - ab^2$ sous les termes semblables du dividende. 4°. Je fais la réduction après laquelle je trouve que le reste du dividende est $-a^2b + 2ab^2 - b^3$.

Il faut faire sur ce reste les quatre mêmes opérations. Je divise donc 1°. le premier terme $-a^2b$ par le premier terme a^2 du diviseur, & j'écris le quotient $-b$ à la suite du terme a que j'ai déja trouvé. 2°. Je multiplie le diviseur entier par $-b$. 3°. Je souftrais le produit en changeant les signes, & en écrivant $+a^2b - 2ab^2 + b^3$ sous les termes semblables. 4°. Je fais la réduction, après laquelle il ne reste plus rien ; & par conséquent la division est achevée, & le quotient est $a - b$.

EXEMPLE II.

$$12a^2 - 8ab - 15ac + 10bc \quad\big\{\; 3a - 2b \text{ divifeur.}$$
$$\circ\qquad\circ\qquad\circ\qquad\circ$$
$$-12a^2 + 8ab + 15ac - 10bc \quad\big\{\; 4a - 5c \text{ quotient.}$$
$$\circ\qquad\circ\qquad\circ\qquad\circ$$

En pratiquant la méthode dont on s'eft fervi dans exemple précedent, on trouvera que le quotient t $4a - 5c$.

Après avoir fait les exemples précedens une ou plueurs fois, il eft bon d'en faire quelques autres que on choifira de la maniere fuivante : Il faut prendre eux quantitez algébriques complexes que l'on mulipliera l'une par l'autre : & fi on divife le produit de ette multiplication par une des grandeurs que l'on a nultipliées, on doit trouver l'autre au quotient.

176. Lorfque l'on veut voir fi on ne s'eft pas trompé n faifant la divifion, on multiplie le divifeur entier ar le quotient entier ; & fi le produit de cette muliplication eft égal au dividende, c'eft une marque qu'on a trouvé le véritable quotient : mais fi le produit ft different du dividende, la divifion n'a pas été bien faite. Cela a été prouvé ailleurs *.

* 83.

177. Nous ne nous arrêterons pas davantage à expliquer la divifion des quantitez complexes, d'autant que cela n'eft pas néceffaire pour entendre les Elemens de Géométrie. Nous remarquerons cependant qu'il arrive fouvent qu'on ne peut faire une divifion fans refte : par exemple, fi on vouloit divifer $ab + ac - b^2 - bc + bd$ par $a - b$, la divifion ne pourroit fe faire exactemeut, c'eft-à-dire, fans refte. Dans ce cas on fe contente d'écrire le divifeur au deffous du dividende en cette maniere,
$$\frac{ab + ac - b^2 - bc + bd}{a - b} ;$$

premiere de a, la racine quarrée de a^2, la racine cubique de a^3, la racine quatriéme de a^4, la cinquiéme
de a^5, &c.

185. Remarquez que la premiere puiffance & la
racine premiere d'une grandeur font la même chofe;
parce que l'une & l'autre font la grandeur elle-même : par exemple, la premiere puiffance de a eft a,
& la racine premiere de a eft auffi a. La premiere
puiffance de 4 eft 4, & la racine premiere de 4 eft
auffi 4.

186. Remarquez encore que lorfqu'il s'agit d'un
quarré & qu'on parle de fa racine, il faut toûjours
entendre la racine quarrée. De même quand il s'agit
d'un cube, fi on parle de fa racine, on doit entendre
la racine cubique. Il en eft de même des autres puiffances.

187. Pour marquer la racine d'une grandeur, on
met le figne $\sqrt{}$ avant cette grandeur, & on écrit au-
deffus du figne le chiffre qui marque la racine que l'on
veut défigner : par exemple, $\sqrt[3]{a}$ marque la racine
troifiéme de a. $\sqrt[2]{ab}$ marque la racine feconde ou
quarrée de ab. Il faut prendre garde que quand le
figne radicale fe trouve fans chiffre écrit au-deffus,
il exprime toûjours la racine quarrée; ainfi $\sqrt{ab}$ marque la racine quarrée de ab auffi-bien que $\sqrt[2]{ab}$.

On fe fert auffi du même figne pour défigner la
racine des quantitez complexes : par exemple,
$\sqrt[2]{a^2 + 2ab + b^2}$ exprime la racine feconde de la
quantité $a^2 + 2ab + b^2$. La ligne tirée au-deffus de la
quantité, marque que l'on veut défigner la racine de
la quantité entiere qui fe trouve fous cette ligne.

188. Quand on parle de la racine quelconque, troifiéme, quatriéme, cinquiéme d'une grandeur, il faut
toûjours concevoir que cette grandeur eft une puiffance femblable : par exemple, fi on parle de la racine

troifiéme

troisiéme de *a*, il faut concevoir que *a* est la troisiéme puissance de la racine dont on parle. S'il s'agit de la racine quarrée de *ab*, il faut regarder *ab* comme un quarré.

189. Pour élever une grandeur à une puissance, il faut multiplier cette grandeur par elle-même autant de fois moins une qu'il y a d'unitez dans l'exposant de la puissance. Ainsi afin d'élever une grandeur à la quatriéme puissance, il faut multiplier la grandeur par elle-même quatre fois moins une, c'est-à-dire, trois fois, parce que 4 est l'exposant de la quatriéme puissance. Pareillement si on veut élever une grandeur à la sixiéme puissance, il faut la multiplier par elle-même six fois moins une, c'est-à-dire, 5 fois. Exemples. Pour élever 5 à la quatriéme puissance, je multiplie d'abord 5 par lui-même, c'est-à-dire, par 5; cette premiere multiplication donne 25 qui est la seconde puissance de 5; je multiplie ensuite 25 par 5; cette seconde multiplication donne 125 qui est la troisiéme puissance de 5; enfin je multiplie 125 par 5; cette troisiéme multiplication donne 625 qui est la quatriéme puissance de 5. Pour élever *ab* à la troisiéme puissance, je multiplie d'abord *ab* par *ab*; cette premiere multiplication donne a^2b^2 qui est la seconde puissance de *ab*; après quoi je multiplie a^2b^2 par *ab*: cette seconde multiplication donne a^3b^3; ce dernier produit est la troisiéme puissance de *ab*.

Cette regle pour élever une grandeur à une puissance quelconque, est fondée sur les définitions qu'on a données des differentes puissances; car suivant ces définitions, il paroît d'abord que pour avoir la seconde puissance, il ne faut faire qu'une multiplication, puisque la seconde puissance est le produit d'une grandeur multipliée par elle-même. 2°. Quand on a la seconde puissance, il ne faut plus faire qu'une multiplication, afin d'avoir la troisiéme; parce que la

h

troifiéme puiſſance eſt le produit de la ſeconde par la premiere ; par conſéquent il ne faut faire en tout que deux multiplications pour avoir la troifiéme puiſſance. On prouvera de même, que pour la quatriéme puiſ-ſance, il ne faut que trois multiplications ; parce que la troiſiéme puiſſance étant une fois trouvée, il ne faut plus qu'une multiplication, afin d'avoir la quatriéme, & ainſi de ſuite.

190. La regle qu'on vient de donner eſt commune aux quantitez incomplexes, & à celles qui ſont com-plexes : par exemple ſi on cherche les differentes puiſ-ſances de $a+b$, on trouvera après les réductions fai-tes que la ſeconde puiſſance eſt $a^2+2ab+b^2$; que la troiſiéme puiſſance eſt $a^3+3a^2b+3ab^2+b^3$; que la quatriéme eſt $a^4+4a^3b+6a^2b^2+4ab^3+b^4$.

194. Il faut bien prendre garde quels ſont les pro-duits qui entrent dans la compoſition du quarré d'une quantité complexe : nous allons en faire l'énuméra-tion : le quarré d'une quantité complexe renferme donc 1°. Celui du premier terme. 2°. Le quarré des deux premiers termes contient de plus le double du premier multiplié par le ſecond, avec le quarré du ſe-cond. 3°. Le quarré des trois premiers termes con-tient de plus les produits ſuivans : ſçavoir, le dou-ble des deux premiers termes multiplié par le troi-ſiéme avec le quarré du troiſiéme. 4°. Le quarré des quatre premiers termes contient encore de plus le double des trois premiers termes multiplié par le quatriéme avec le quarré du quatriéme. 5°. Le quarré des cinq premiers termes contient encore de plus le double des quatre premiers termes mul-tiplié par le cinquiéme avec le quarré du cinquié-me, ainſi de ſuite : ſoit, par exemple, la quantité com-plexe $c+d+f+g+h$; on trouvera que le quarré de cette quantité eſt $c^2+2cd+d^2$; $+2cf+2df+ff$; $+2cg+2dg+2fg+g^2$; $+2ch+2dh+2fh+2gh+h^2$.

Or ce quarré renferme tous les produits que nous venons de marquer : car c^2 est celui qui est indiqué dans le premier article ; $+2cd+dd$, sont les produits marquez dans le second article ; $2cf+2df+f^2$ sont ceux qui sont énoncez dans le troisiéme article ; $2cg+2dg+2fg+g^2$, sont marquez dans le quatriéme : enfin les autres produits qui restent, sont énoncez dans le cinquiéme article.

195. Les quarrez de toutes les quantitez complexes peuvent être representez par $a^2+2ab+b^2$ qui est le quarré de $a+b$. S'il s'agit, par exemple, du quarré de $c+d$, il pourra être representé par $a^2+2ab+b^2$, pourvû que l'on conçoive que a est égal à c, & que b est égal à d. Le même quarré pourra représenter celui de $c+d+f$, si on conçoit a égal à $c+d$, & b égal à f. Par la même raison le quarré de $a+b$ representera celui de $c+d+f+g$, si on suppose a égal à $c+d+f$, & b égal à g. En général le quarré de $a+b$ représentera celui de toutes sortes de quantitez complexes, pourvu que l'on suppose a égal à tous les termes de cette quantité, excepté le dernier, & b égal à ce dernier terme. Ainsi $a^2+2ab+b^2$ est une *formule*, c'est-à-dire, une expression générale qui peut désigner tous les quarrez possibles des grandeurs complexes, même ceux des nombres; car les nombres marquez par plusieurs chiffres peuvent être considerez comme des quantitez complexes : par exemple 5463 est égal à $5000+400+60+3$, & par conséquent c'est une quantité complexe de quatre termes.

196. L'opération par laquelle on éleve une quantité à quelque puissance, est appellée *formation des puissances* : après en avoir donné la regle, nous allons parler d'une autre opération opposée, qu'on appelle *résolution des puissances*, & plus souvent *extraction des racines* : elle consiste à chercher la racine d'une quantité proposée : par exemple, si ayant le nombre 100, j'en

tire la racine quarrée qui eſt 10 , cela s’appelle extraire la racine de 100. On peut faire l’extraction de
la racine ſeconde , troiſiéme , quatriéme , cinquiéme ,
&c. tant ſur les nombres que ſur les quantitez litterales. Nous ne parlerons ici que de l’extraction de la
racine quarrée , parce qu’elle eſt la ſeule dont nous
aurons beſoin dans la ſuite.

De l’extraction de la Racine quarrée des nombres.

197. Afin de tirer la racine quarrée d’un nombre , il
faut d’abord partager ce nombre en tranches, en commençant vers la droite ; en ſorte que chaque tranche
contienne deux chiffres, excepté la premiere à gauche
qui peut n’en contenir qu’un ſeul : ce partage en tranches ſe fait, en écrivant une virgule entre-deux : par
exemple , ſi on vouloit extraire la racine quarrée de ce
nombre 54123786, il faudroit tirer une virgule entre 8
& 7 , une autre entre 3 & 2 ,& une troiſiéme entre 1 &
4 en cette maniere 54,12,37,86. Il paroît aſſez que ſi
le nombre des chiffres eſt impair , la premiere tranche à la gauche ne contiendra qu’un ſeul caractere :
ainſi ſi le nombre propoſé étoit 4123786 , la premiere tranche à la gauche ne contiendroit que 4 , la
ſeconde 12, la troiſiéme 37 , la quatriéme 86.

Pour tirer la racine quarrée , nous nous ſervirons
de la formule $a^2 + 2ab + b^2$ qui eſt le quarré de $a + b$;
& afin que l’on entende comment elle peut ſervir
pour faire l’extraction de la racine quarrée , nous
mettrons ici les remarques ſuivantes.

I.

198. La lettre a de la formule déſigne pour chaque
tranche qui ſuit la premiere le chiffre ou les chiffres
de la racine que l’on a déja trouvés , & la lettre b repréſente celui que l’on cherche. Ainſi quand on opere
ſur la ſeconde tranche , a déſigne le premier chiffre de
la racine, lequel vient de la premiere tranche , & b

repréſente le ſecond que l'on cherche. Si on opere ſur la troiſiéme tranche, a marque les deux premiers chiffres de la racine que l'on a déja trouvés, & b exprime le troiſiéme. Si on opere ſur la quatriéme tranche, a repréſente les trois premiers chiffres de la racine déja trouvés, & b déſigne le quatriéme que l'on cherche, ainſi de ſuite.

II.

199. Comme l'extraction de la racine eſt une eſpece de diviſion, il y a un nombre qui doit ſervir de diviſeur : mais il n'eſt pas le même pour toutes les tranches. Il eſt toûjours déſigné par $2a$, qui eſt la premiere partie de $2ab$ ſecond terme de la formule. Or $2a$ ſignifie le double des chiffres qu'on a déja trouvés à la racine.

III.

200. Le premier terme a^2 de la formule ne ſert que pour la premiere tranche, & marque qu'il faut ſouſtraire de cette tranche le quarré du premier chiffre de la racine. Les deux autres $2ab+b^2$ ſervent pour chacune des autres tranches, & font connoître qu'il faut ſouſtraire de chacune deux produits qui ſont pour la ſeconde tranche le double du premier chiffre de la racine multiplié par le ſecond; plus le quarré de ce ſecond chiffre : pour la troiſiéme tranche ces deux produits ſont le double des deux premiers chiffres de la racine multiplié par le troiſiéme, plus le quarré de ce troiſiéme. Pour la quatriéme tranche les deux produits ſont le double des trois premiers termes de la racine multiplié par le quatriéme, plus le quarré de ce quatriéme. Ainſi de ſuite comme il eſt marqué dans l'art. 194. Revenons préſentement à la pratique.

Après avoir partagé le nombre en tranches de deux chiffres chacune, on peut tirer une ligne au-deſſous & la couper par un crochet comme dans la diviſion. Ces préparations étant faites on doit opérer ſur la premiere tranche.

201. Il faut 1°. chercher le plus grand quarré contenu dans la premiere tranche à gauche : il ne peut être plus grand que celui de 9, parce que le quarré de 10 contient trois chiffres. 2°. Prendre la racine de ce quarré, & l'écrire à la droite du nombre proposé. 3°. Souftraire de la premiere tranche le plus grand quarré qui y eft contenu, & écrire le refte au-deffous. Le quarré qu'il faut ôter de la premiere tranche eft défigné par a^2 de la formule.

Exemple I.

Soit, par exemple, le nombre 209254 dont on cherche la racine quarrée. Après l'avoir partagé en tranches, 1°. je cherche quel eft le plus grand quarré contenu dans 20, qui eft la premiere tranche à gauche : c'eft 16. 2°. J'en prends la racine 4, & je l'écris à la droite du nombre propofé. 3°. Je fouftrais le quarré 16 de la premiere tranche, & j'écris le refte 4 au-deffous. Ces trois opérations étant faites, il faut appliquer les regles fuivantes fur la feconde tranche.

$$20{,}92{,}54 \left\lfloor \begin{array}{l} 45 \\ \hline 8 = 2a \end{array} \right.$$

$$
\begin{array}{c}
492 \\ \hline
425 \\ \hline
67
\end{array}
$$

202. 1°. Abbaiffer cette feconde tranche à côté du refte de la premiere, & mettre un point fous le premier chiffre de la tranche abbaiffée, pour marquer que ce chiffre, joint avec le refte de la premiere tranche, eft le dividende : dans l'exemple propofé, j'abbaiffe la feconde tranche 92 à côté du 4 qui eft le refte de la premiere, & je mets un point fous le premier chiffre 9, pour marquer que 49 eft le dividende.

203. 2°. Prendre pour divifeur le double de ce qui a déja été trouvé à la racine, & l'écrire fous cette racine. Dans notre exemple, ayant déja trouvé 4 à la racine, 8 fera le divifeur ; je l'écris donc fous 4. Ce divifeur 8 qui eft le double de 4, eft défigné par $2a$,

parce que a repréſente le chiffre 4 que l'on a mis à la racine.

204. 3°. Diviſer le dividende par le diviſeur, en obſervant que quoique le chiffre éprouvé ſoit bon ſelon la diviſion, il ne doit pas être mis pour cela à la racine, à moins qu'il ne ſoit bon auſſi ſelon l'épreuve propre à l'extraction de la racine quarrée. Or cette épreuve conſiſte à ajoûter enſemble les produits marqués par $2ab + b^2$, c'eſt-à-dire, le produit du diviſeur par le chiffre éprouvé, & le quarré de ce chiffre éprouvé : & ſi la ſomme qui vient de cette addition peut être ôtée de la ſeconde tranche jointe au reſte de la premiere, c'eſt une marque que le chiffre éprouvé eſt bon ; auquel cas il faudra l'écrire à côté de celui qu'on a déja trouvé à la racine : mais ſi la ſomme qui eſt venuë de l'addition ne peut être ſouſtraite de la ſeconde tranche jointe au reſte de la premiere ; alors il faudra diminuer le chiffre éprouvé d'une unité, & recommencer l'épreuve avec le nouveau chiffre ; & ſi la ſomme eſt encore trop grande, on diminuera encore le chiffre éprouvé d'une unité, juſqu'à ce qu'on puiſſe faire la ſouſtraction.

205. Il faut remarquer que quand on veut ajoûter le quarré du chiffre éprouvé avec le produit du diviſeur par le chiffre éprouvé, le quarré doit être plus avancé d'un rang vers la droite que le produit du diviſeur. Cela vient de ce que dans le quarré total d'un nombre, le quarré de chaque chiffre a un rang de moins après lui, que le double des caracteres précedens multiplié par ce chiffre, comme nous le remarquerons enſuite, article 218.

Dans notre exemple, je diviſe 49 par 8, & je trouve que 6 eſt bon ſelon la diviſion, parce qu'en multipliant 8 par 6, le produit 48 peut être ôté du dividende 49 : je fais enſuite l'épreuve pour la racine quarrée, c'eſt-à-dire, que j'ajoûte 36 quarré du chiffre éprouvé avec 48 , en obſervant ce qui eſt dit dans la remarque , & je trouve la ſomme 516 , laquelle ne peut être ôtée de 492 ; & par conſéquent le 6 n'eſt pas bon. Ainſi j'éprouve 5 en multipliant le diviſeur 8 par 5 , & ajoûtant le quarré de 5 au produit ; la ſomme eſt 425 , laquelle peut être ôtée de 492 ; ainſi le 5 eſt bon ; c'eſt pourquoi je l'écris à la racine à côté du 4.

206. 4°. Après avoir écrit à la racine le chiffre éprouvé qui a été trouvé bon, il faut faire la ſouſtraction dont on a parlé dans la troiſiéme regle, c'eſt-à-dire, que la ſomme du produit du diviſeur par le chiffre éprouvé, & du quarré du chiffre éprouvé, doit être ôtée de la ſeconde tranche jointe au reſte de la premiere. Dans notre exemple, je ſouſtrais 425 de 492, & j'écris le reſte 67 au-deſſous.

207. On opere de la même maniere ſur la troiſiéme tranche que ſur la ſeconde. Ainſi ayant abbaiſſé la troiſiéme tranche à côté du reſte de la derniere ſouſtraction, 1°. On met un point ſous le premier chiffre de la troiſiéme tranche pour marquer que ce premier chiffre, joint avec le reſte de la ſouſtraction, eſt le dividende. 2°. On prend pour diviſeur le double des deux chiffres qui ſont déja à la racine, & on l'écrit au-deſſous du premier diviſeur. 3°. On fait la diviſion en employant d'abord l'épreuve de la diviſion, & enſuite celle de l'extraction de la racine quarrée. 4°. Après avoir trouvé le chiffre qu'on doit mettre à la racine, il faut faire la ſouſtraction. On opere encore de la même maniere ſur chacune des tranches ſuivantes,

Dans l'exemple proposé, j'abbaisse la troisiéme tranche à côté de 67, reste de la soustraction précedente, il vient 6754 : après cela, 1°. je mets un point sous 5, pour marquer que 675 est le dividende. 2°. Je prends pour diviseur le double de ce qui est déja à la racine, c'est-à-dire le double de 45, & j'écris le second diviseur 90 sous le premier. 3°. Je divise le dividende 675 par 90, & je trouve que le 7 est bon selon la division, parce que 630 produit du diviseur 90 par 7 est moindre que 675 : ensuite pour voir s'il est bon selon l'épreuve de l'extraction de la racine, j'ajoûte le quarré du 7 au produit 630 de la maniere qui a été expliquée, * & je trouve la somme 6349 qui * 205. est moindre que 6754 ; ainsi le 7 est bon, je le mets donc à la racine. 4°. Enfin je retranche 6349 de 6754, il reste 405. Comme il n'y a plus de tranches à abbaisser, l'opération est finie.

208. On distingue différens membres dans l'extraction de la racine comme dans la division ; le premier membre est la premiere tranche ; le second membre est la seconde tranche jointe au reste de la premiere soustraction ; le troisiéme membre est la troisiéme tranche jointe au reste de la seconde soustraction, ainsi de suite. Dans notre exemple, 20 est le premier membre, 492 est le second, 6754 est le troisiéme.

S'il n'y avoit point de reste après une soustraction, alors la tranche suivante seroit seule le membre sur lequel il faudroit opérer : cela paroîtra dans le troisiéme exemple, où la seconde tranche seule est le second membre.

209. Remarquez qu'en cherchant les chiffres de la racine, on peut également se tromper, ou en prenant

un chiffre trop grand, ou en prenant un chiffre trop petit. On évite la premiere erreur, en s'affûrant que la fomme du produit du divifeur, par le chiffre éprouvé & du quarré de ce chiffre, peut être retranchée du membre fur lequel on opere : mais pour éviter la feconde erreur, il ne fuffit pas que la fouftraction, dont on vient de parler, fe puiffe faire : ainfi, fi on avoit mis 4 ou 3 à la racine à la place du 5, pour le fecond membre de l'exemple précedent, on auroit fait une faute, quoiqu'on ait pû faire alors la fouftraction marquée dans l'article 206.

Afin donc que l'on foit affûré que le chiffre éprouvé n'eft pas trop petit, il faut éprouver d'abord le chiffre que l'on a trouvé bon par l'épreuve de la divifion ; & fi ce chiffre eft trop grand, il faut le diminuer d'une unité, & recommencer l'épreuve propre à l'extraction de la racine ; que fi ce dernier chiffre n'eft point encore bon, il faut le diminuer d'une unité, & pourfuivre la même pratique, jufqu'à ce que la fouftraction marquée par l'article 206 puiffe fe faire, en obfervant de ne diminuer à chaque fois le chiffre éprouvé, que d'une unité feulement, lorfqu'on veut faire une nouvelle épreuve.

210. Remarquez encore que fi le divifeur étoit plus grand que le dividende, ou bien fi aucun chiffre pofitif ne fe trouvoit bon en faifant l'épreuve de l'extraction de la racine, pour lors il faudroit mettre zero à la racine ; auquel cas il n'y auroit plus rien à faire fur le membre fur lequel on opére ; c'eft pourquoi il faudroit abbaiffer la tranche fuivante, pour avoir un nouveau membre fur lequel on opéreroit à l'ordinaire.

EXEMPLE II.

Soit le nombre 3140685 7, dont il faut extraire la racine quarrée.

Je le partage d'abord en tranches, en commençant vers la droite ; enfuite après avoir tiré une ligne au-deffous, & une à la droite, j'opére fur la premiere tranche de la maniere fuivante.

Premier Membre.

1°. Je cherche le plus grand quarré contenu dans 31 qui eft la premiere tranche : c'eft 25. 2°. Je prends la racine de ce quarré, & je l'écris à la droite du nombre propofé. 3°. Je fouftrais le quarré 25 de la premiere tranche, & il refte 6 ; enfuite je paffe au fecond membre.

$$31,40,68,57 \left\{\begin{array}{l} 5 \\ \hline 10 = 2a \end{array}\right.$$
$$640$$

Second Membre.

Ayant abbaiffé la feconde tranche à côté du refte 6, je trouve 640 pour fecond membre, fur lequel j'applique les 4 regles prefcrites. 1°. Je mets un point fous le 4, pour marquer que le dividende eft 64. 2° Je prends pour divifeur le double du chiffre 5 qui eft à la racine. 3°. Je divife 64 par le divifeur 10, & je trouve que le 6 eft bon felon l'épreuve de la divifion & celle de l'extraction de la racine quarrée. Je fais cette derniere épreuve en multipliant le divifeur 10 par 6, & en ajoûtant au produit 60 le quarré de 6, comme il eft marqué dans l'article 205 : je trouve que la fomme eft 636, laquelle peut être ôtée du membre 640 ; je mets donc 6 à la racine. 4°. Enfin je retranche 636 de 640, & le refte eft 4. Après cela je paffe au troifiéme membre.

$$31,40,68,57 \left\{\begin{array}{l} 5604 \\ \hline 10 = 2a \\ 112 = 2a \\ 1120 = 2a \end{array}\right.$$
$$640$$
$$636$$
$$46857$$
$$44816$$
$$2041$$

Troifiéme Membre.

Ayant abbaiffé la troifiéme tranche 68 à côté du refte 4, je trouve 468 pour le troifiéme membre fur lequel j'opere ainfi : 1°. Je mets un point fous le pre-

mier chiffre 6 de la troisiéme tranche, pour marquer
que 46 eſt le dividende. 2°. Je prends 112 pour diviſeur, c'eſt le double du nombre 56 que l'on a déja
trouvé à la racine, & j'écris ce ſecond diviſeur au-deſſous du premier. 3°. Je diviſe 46 par 112 ; mais comme le diviſeur eſt plus grand que le dividende, je mets
0 à la racine ; ainſi il n'y a plus rien à faire ſur ce
membre, c'eſt pourquoi je paſſe au ſuivant.

Quatriéme Membre.

Ayant abbaiſſé la quatriéme tranche 57 à côté du
reſte 468, je trouve 46857 pour quatriéme membre,
ſur lequel j'applique les quatre regles. 1°. Je mets un
point ſous le premier chiffre 5 de la tranche abbaiſſée,
pour marquer que le dividende eſt 4685. 2°. Je prends
pour diviſeur 1120, c'eſt le double du nombre 560 qui
eſt déja à la racine, & j'écris ce troiſiéme diviſeur ſous
le ſecond. 3°. Je diviſe 4685 par 1120, le quotient eſt
4 ; & ayant multiplié le diviſeur 1120 par 4, je trouve
le produit 4480 moindre que le dividende ; ainſi le 4
eſt bon ſelon la diviſion : je fais enſuite l'épreuve de
l'extraction, en ajoûtant le quarré de 4 au produit
4480, & je trouve que la ſomme 44816 eſt moindre
que le quatriéme membre ; c'eſt pourquoi j'écris le 4
à la racine. 4°. Je ſouſtrais la ſomme 44816 de 46857,
le reſte eſt 2041, & l'opération eſt achevée.

EXEMPLE III.

Soit encore le nombre
9048576 dont on veut ti-
rer la racine quarrée. Il faut
d'abord le partager en 4
tranches, en commençant
vers la droite : la premiere

$$\left.\begin{array}{l} 9,04,85,76 \quad 3008 \\[4pt] \overline{5} \\[2pt] 04\ 85\ 76 \\[4pt] \ 4\ 80\ 64 \end{array}\right\} \begin{array}{l} 6 = 2\,a \\ 60 = 2\,a \\ 600 = 2\,a \end{array}$$

$$\overline{}$$
$$512$$

ne contiendra qu'un ſeul caractere, ſçavoir 9. On opé-
rera enſuite ſur ce nombre, comme on a fait ſur les

autres, & on trouvera 1°. que le premier chiffre de la racine est 3, 2°. que le second chiffre de la racine est 0, parce que le diviseur 6 est plus grand que le dividende du second membre : ce second membre est la seconde tranche 04, & le dividende est 0. 3°. Que le troisiéme chiffre de la racine est encore zero, parce que le diviseur 60 est plus grand que le dividende du troisiéme membre : ce troisiéme membre est 485, & le dividende est 48. 4°. Que le quatriéme chiffre de la racine est 8, à cause qu'en opérant à l'ordinaire sur le dernier membre 48576 & sur le dividende 4857, on trouve que le 8 est bon.

On peut abbréger un peu cette méthode en supprimant l'addition du quarré du chiffre éprouvé avec le produit du diviseur par le chiffre éprouvé. Pour cela il faut écrire ce chiffre à la suite du diviseur, & multiplier par le même chiffre le diviseur ainsi augmenté, le produit sera égal à la somme qu'on auroit trouvée par l'addition prescrite dans l'art. 204. Nous allons faire l'application de cet abbregé au second exemple : le diviseur pour le second membre est 10, & le chiffre éprouvé est 6 : j'écris donc 6 à la suite de 10 ; ce qui donne 106 : ensuite je multiplie 106 par 6 ; & je trouve le produit 636 qui peut être ôté du second membre 640 ; d'où je conclus que le 6 est bon. Quant au troisiéme membre le diviseur 112 est plus grand que le dividende 46 ; ainsi il faut mettre un zero à la racine ; & il n'y a ni multiplication ni soustraction à faire. Enfin pour le quatriéme membre le diviseur est 1120, & le chiffre éprouvé est 4 que j'écris à la suite du diviseur ; ensuite je multiplie par 4 le diviseur augmenté 11204, le produit est 44816 qui peut être retranché du quatriéme membre 46857 : ainsi le 4 est bon. Il est visible que le produit qu'on trouve par là est nécessairement égal à la somme prescrite dans l'article 204 : ainsi cet abbregé ne change rien au fond de la méthode.

211. Pour faire la preuve de l'extraction de la racine quarrée, il faut chercher le quarré du nombre qu'on a trouvé à la racine, & y ajoûter le reste de la derniere souftraction. Ainfi dans le premier exemple, il faut élever 457 au quarré, c'eft-à-dire, qu'il faut multiplier 457 par lui-même, & enfuite ajoûter le reste 405 au quarré 208849 : & comme la fomme eft égale au nombre propofé 209254 ; c'eft une marque que l'opération a été bien faite ; mais fi la fomme n'avoit point été égale au nombre propofé, ç'auroit été une marque qu'on auroit fait quelque faute de calcul dans l'extraction de la racine. Lorfqu'il n'y a point de reste après la derniere fouftraction, il faut, afin que l'opération foit bonne, que le quarré du nombre qu'on a trouvé à la racine foit égal au nombre propofé.

La raifon de cette pratique eft évidente ; car puifqu'on cherche la racine, il faut, fi l'on a bien operé, que le quarré du nombre qu'on a trouvé à la racine foit égal au nombre propofé, lorfqu'il n'y a point de reste après l'opération ; mais s'il y a un reste, il eft clair que ce reste ajoûté au quarré de la racine, doit faire une fomme égale au nombre propofé.

Afin qu'on entende les raifons fur lefquelles la méthode de l'extraction de la racine quarrée eft fondée, nous allons encore faire quelques remarques fur la compofition du quarré d'un nombre.

REMARQUES.

I.

212. Le quarré d'une quantité complexe contient le quarré du premier terme ; plus le double du premier terme multiplié par le fecond avec le quarré du fecond ; plus le double des deux premiers termes multiplié par le troifiéme avec le quarré du troifiéme ; plus le double des trois premiers termes multiplié par le quatriéme, avec le quarré du quatriéme ; ainfi de fuite * 194. fi la quantité complexe a plus de quatre termes *.

II.

213. Tout nombre au-deſſus de dix, peut être conſideré comme une quantité complexe compoſée d'autant de termes, qu'il y a de caractères dans le nombre ; par exemple, 7356 eſt une quantité complexe
de quatre termes, puiſque ce nombre eſt égal à 7000
+300+50+6. Par conſéquent le quarré d'un nombre plus grand que 10, contient les produits énoncez
dans la remarque précedente. Il y en a ſept dans le
quarré de 7356 ; ſçavoir le quarré de 7 (on dit ici 7 &
non pas 7000, parce que l'on ne prend que les chiffres
poſitifs ;) plus le double de 7 multiplié par 3, avec le
quarré de 3 ; plus le double de 73 multiplié par 5, avec
le quarré de 5 ; plus le double de 735 multiplié par
6, avec le quarré de 6.

III.

214. Si on fait attention aux deux premiers corollaires que nous avons déduits *, après avoir parlé de
la multiplication des nombres qui contiennent des
zeros à la fin, on verra que ſi on multiplie un nombre, par exemple, 7356, par lui-même, il y aura ſix
rangs dans le quarré total après le quarré de 7, cinq
rangs après le double de 7 multiplié par 3, quatre
rangs après le quarré de 3, trois rangs après le double
de 73 multiplié par 5, deux rangs après le quarré de 5,
un rang après le double de 735 multiplié par 6 : enfin
le quarré de 6 finira au dernier rang.

Voici tous les pro- 49 . . . . . .
duits placez dans les 42 . . . . .
rangs qui leur convien- 9 . . . .
nent : on a mis autant 730 . . .
de points à la ſuite de 25 . .
chaque produit, qu'il 8820 .
y a de rangs après ce 36
produit.

54110736 quarré de 7356

*58 & 59.

215. Il eſt encore clair par les deux mêmes corollaires * que le quarré d'un nombre doit avoir autant
de tranches, que ce nombre contient de caractères,
ni plus ni moins : par exemple, le quarré de 7356
contient quatre tranches ; car le quarré de 7 doit avoir
après lui le double des rangs qui ſe trouvent après ce
chiffre dans le nombre 7356, & par conſéquent le
quarré de 7 doit avoir trois tranches de deux rangs
après lui : mais d'ailleurs le quarré de 7 fait encore
une tranche ; ainſi le quarré de 7356 doit avoir quatre tranches. Cela peut encore ſe prouver de la maniere ſuivante ; 1°. Un nombre de quatre caractères
ne peut avoir moins de quatre tranches à ſon quarré :
car le plus petit nombre de quatre caractères eſt 1000.
Or le quarré de 1000 eſt compoſé de quatre tranches,
puiſque pour multiplier 1000 par 1000, il faut ajoûter les trois zeros du multiplicateur au multiplié. 2°. Un
nombre de quatre caractères ne peut avoir plus de
quatre tranches à ſon quarré : car 9999 eſt le plus grand
nombre de quatre caractères. Or le quarré de 9999 ne
peut avoir que quatre tranches : car 100000000, qui
eſt le quarré de 10000, eſt le plus petit de tous les
nombres des cinq tranches ; & par conſéquent le
quarré de 9999, qui eſt moindre que celui de 10000,
ne peut avoir que quatre tranches. Donc un nombre
de quatre caractères ne peut avoir plus de quatre
tranches à ſon quarré ; d'ailleurs on vient de faire
voir qu'il n'en peut avoir moins de quatre ; ainſi un
nombre de quatre chiffres doit avoir préciſément quatre tranches à ſon quarré. On prouvera de la même
maniere que le quarré de tout autre nombre a autant
de tranches que le nombre a de chiffres.

En parlant de la racine quarrée nous ſuppoſons
toûjours que chaque tranche contient deux chiffres,
excepté la premiere à gauche qui peut n'en contenir
qu'un ſeul.

216. Il

216. Il suit de la troisiéme remarque , que dans le quarré total de 7356, les differens produits doivent se trouver dans les rangs que nous allons marquer ; 1°. le quarré de 7 , dans le dernier rang de la premiere tranche ; 2°. le double de 7 multiplié par 3 , au premier rang de la seconde tranche ; 3°. le quarré de 3 , au second rang de la même tranche ; 4°. le double de 73 multiplié par 5 , au premier rang de la troisiéme tranche ; 5°. le quarré de 5 , au second rang de la même tranche ; 6°. le double de 735 multiplié par 6 , au premier rang de la quatriéme tranche ; 7°. Enfin le quarré de 6 , au second rang de la même tranche.

217. Lorsqu'on dit que chacun de ces produits se trouve au premier ou au second rang de quelqu'une des tranches, cela doit toûjours s'entendre du dernier chiffre de ces produits , comme il paroît par la maniere dont les produits du quarré de 7356 ont été placez après la troisiéme remarque : par exemple, le premier produit 49 n'est pas tout entier au second rang de la premiere tranche, il n'y a que le dernier chiffre 9. Pareillement il n'y a que le dernier chiffre 2 du second produit 42 qui réponde au premier rang de la seconde tranche.

218. Il suit encore de la troisiéme remarque , que dans le nombre 54110736 qui est le quarré de 7356, il y a un rang de moins après le quarré de 3 , qu'après le double de 7 multiplié par 3 ; qu'il y a aussi un rang de moins après le quarré de 5 , qu'après le double de 73 multiplié par 5 , & qu'enfin il n'y a plus de rang après le quarré de 6 , au lieu qu'il y a encore un rang après le double de 745 multiplié par 6 : en sorte qu'il y a toûjours un rang de moins après le quarré d'un chiffre , qu'après le double des caracteres précedens multiplié par ce chiffre. Tout ce qu'on vient de dire convient généralement aux nombres qui surpassent dix.

Dans la démonſtration ſuivante, nous ſuppoſerons qu'il n'y a plus de reſte après la derniere ſouſtraction, & nous appellerons le nombre dont on tire la racine, le *nombre propoſé*, & celui qu'on trouve à la racine ſera nommé le *nombre trouvé*. Il s'agit donc de prouver, que le nombre trouvé en ſuivant les regles preſcrites, eſt la racine du nombre propoſé, ou, ce qui eſt la même choſe, que ce nombre propoſé eſt le quarré de celui qu'on a trouvé.

DE'MONSTRATION DE L'EXTRACTION
des racines quarrées.

219. Afin que le nombre propoſé ſoit le quarré de celui qu'on a trouvé, il ſuffit que le premier contienne tous les produits qui compoſent le quarré du ſecond. Or le nombre propoſé contient tous les produits qui forment le quarré du nombre trouvé : car ces pro- *212. duits ſont * le quarré du premier chiffre, plus le dou- ble du premier chiffre multiplié par le ſecond avec le quarré du ſecond, &c. Or en ſuivant les regles de la méthode, on eſt aſſûré que le nombre propoſé contient tous ces produits ; puiſque ſelon cette mé- thode, on retranche d'abord du premier membre le quarré du premier chiffre du nombre trouvé : 2°.On retranche du ſecond membre le diviſeur, c'eſt-à-dire, le double du premier chiffre multiplié par le ſecond avec le quarré du ſecond. 3°. On retranche du troi- ſiéme membre le diviſeur, c'eſt-à-dire le double des deux premiers chiffres multiplié par le troiſiéme avec le quarré du troiſiéme, &c. Donc le nombre propoſé contient tous les produits qui compoſent le quarré du nombre trouvé ; ainſi le premier eſt le quarré du ſecond.

220. S'il y avoit un reſte après la derniere ſouſtra- ction, ce ſeroit une marque que le nombre propoſé ne ſeroit pas un quarré parfait ; ainſi le nombre trouvé

ne feroit pas la racine exacte du nombre propofé : mais ce feroit la racine du plus grand quarré contenu dans ce nombre ; ainfi dans le premier exemple le nombre trouvé, fçavoir 457, n'eft pas la racine éxacte du nombre propofé 209254 : mais 457 eft la racine de 208849, qui eft le plus grand quarré contenu dans 209254 ; car fi on prend 458 plus grand feulement d'une unité que 457, on trouvera que le quarré de la racine 458 eft plus grand que le nombre 209254. C'eft une fuite de la méthode de l'extraction, puifque fi le quarré de 458 étoit contenu dans 209254, on auroit pû mettre 8 à la place de 7, quand on a operé fur le dernier membre.

221. Il refte encore à faire voir pourquoi à chaque membre on prend pour dividende le premier chiffre de la tranche abbaiffée avec le refte de la fouftraction, & pour divifeur le double de ce qu'on a déja trouvé à la racine : ainfi au troifiéme membre du premier exemple ; on a pris 675 pour dividende, & pour divifeur le double de 45. La raifon de ces deux regles paroît affez par ce qui a été dit avant la démonftration de la méthode de l'extraction. Car, puifque le double de 45 multiplié par 7 ; fe trouve au premier rang de la troifiéme tranche abbaiffée *, il s'enfuit que pour trouver * 216. 7, il faut divifer ce produit par le double de 45.

222. Lorfqu'un nombre entier n'eft pas un quarré parfait, c'eft-à-dire, qu'il n'y a point de nombre entier qui multiplié par lui-même donne un produit égal au nombre entier dont on cherche la racine, on peut bien approcher de plus en plus de la racine exacte de ce nombre ; mais on démontre qu'il n'eft pas poffible d'y arriver : dans ce cas on indique la racine du nombre propofé, en fe fervant du figne radicale : par exemple, fi on a befoin de la racine quarrée de 50, lequel nombre eft un quarré imparfait, on la marque en

cette maniere, $\sqrt[2]{50}$, ou simplement $\sqrt{50}$. Pareillement les racines quarrées de 18 & de 15 se marquent ainsi, $\sqrt{18}$ & $\sqrt{15}$. Ces racines sont appellées *incommensurables*.

223. Si un quarré imparfait est le produit d'un quarré parfait, par un autre nombre, pour lors on exprime quelquefois la racine du quarré imparfait d'une autre maniere ; par exemple, 50 est un quarré imparfait ; mais c'est le produit de 25 par 2. Or 25 est un quarré parfait. Cela posé, puisque 50 est égal à 25 multiplié par 2, il faut que la racine de 50 soit égale à la racine de 25 multiplié par la racine de 2. Or la racine de 25 est 5 , & la racine de 2 est $\sqrt{2}$; par conséquent la racine de 50 est égale à 5 multiplié par $\sqrt{2}$; ce qui se marque en cette maniere, $\sqrt{50} = 5 \times \sqrt{2}$, ou plutôt $\sqrt{50} = 5\sqrt{2}$. Pareillement 18 étant égal au produit de 9 par 2, il s'ensuit que la racine de 18 est égale à la racine de 9 multipliée par la racine de 2 : mais 9 est un quarré parfait dont 3 est la racine ; par conséquent la racine de 18 peut être marquée en cette maniere, $3\sqrt{2}$. Il n'en est pas de même de la racine de 15 , parce que 15 n'est pas le produit d'un quarré parfait multiplié par un autre nombre : si on veut donc se servir du signe radical pour exprimer la racine de 15 , on ne peut la marquer qu'en cette maniere, $\sqrt{15}$ ou $\sqrt[2]{15}$.

De l'extraction de la Racine quarrée des quantitez litterales.

235. La méthode pour extraire la racine quarrée des quantitez littérales, est la même que celle qu'on a employée pour les nombres ; excepté premierement qu'il n'y a point de rang à garder dans les différens produits qu'on veut soustraire, & qu'il ne faut pas di-

vifer la quantité littérale en tranches comme on fait
les nombres : & en fecond lieu, qu'après chaque fouftraction il faut faire la réduction des quantitez femblables. Il fuffira de donner un exemple pour faire entendre l'application de la méthode fur les quantitez
algébriques.

Soit la quantité $9cc - 12cdx + 4d^2x^2 + 24cfy - 16dfxy + 16f^2y^2$ dont il faut extraire la racine quarrée.

$$9cc - 12cdx + 4d^2x^2 + 24cfy - 16dfxy + 16f^2y^2 \quad\Big\}\ 3c - 2dx + 4fy$$
$$\ \ 0 \qquad 0 \qquad 0 \qquad\quad 0 \qquad\quad 0 \qquad\ 0$$
$$-9cc + 12cdx - 4d^2x^2 - 24cfy + 16dfxy - 16f^2y^2 \Big\}\ \begin{array}{l} 6c = 2a \\ 6c - 4dx = 2a \end{array}$$
$$\ \ 0 \qquad 0 \qquad 0 \qquad\quad 0 \qquad\quad 0 \qquad\ 0$$

Après avoir tiré une ligne au-deſſous & une autre à
droite de la quantité propoſée, j'opere ſur le premier
terme $9cc$ qui eſt le premier membre : ainſi je prends
la racine quarrée de $9cc$, c'eſt $3c$, & j'écris cette racine à droite de la quantité propoſée : enſuite j'éleve
$3c$ au quarré, il vient $+9cc$, qu'il faut ſouſtraire en
l'écrivant au-deſſous du premier terme avec le ſigne
oppoſé : enfin je fais la réduction, & j'écris un o ſous
les quantitez qui ſe détruiſent.

J'opere enſuite comme ſur le ſecond membre d'un
nombre dont on tire la racine ; ainſi je prends pour dividende le ſecond terme $-12cdx$, & pour diviſeur le
double de ce que j'ai trouvé à la racine ; ce diviſeur
eſt donc $6c$; c'eſt pourquoi je diviſe $-12cdx$ par $6c$,
le quotient eſt $-2dx$ que je poſe à la ſuite de $3c$. Après
cela je multiplie le diviſeur $6c$ par $-2dx$, & j'ajoûte
le quarré de $-2dx$, la ſomme ſera $-12cdx + 4d^2x^2$,
laquelle doit être ôtée de la quantité propoſée ; je fais
donc la ſouſtraction en écrivant la ſomme avec des
ſignes contraires : enſuite je fais la réduction, & il ne
reſte plus dans la quantité propoſée, que ces trois termes $+24cfy - 16dfxy + 16f^2y^2$, ſur leſquels j'opere de
la même maniere que ſur les deux termes précedens ;

je prends donc $24cfy$ pour dividende , & pour diviseur $6c-4dx$, c'est le double de ce qui est à la racine : je divise ensuite $24cfy$ par $6c$ premier terme du diviseur , & j'écris le quotient $+4fy$ à la racine : après cela je multiplie le diviseur entier par $4fy$, le produit est $24cfy-16dfxy$ auquel j'ajoûte $16f^2y^2$ quarré du terme que je viens de mettre à la racine , la somme est $24cfy-16dfxy+16f^2y^2$ que j'écris sous les trois derniers termes de la quantité proposée , avec des signes contraires à ceux de cette somme : enfin je fais la réduction , & il ne reste rien ; c'est pourquoi l'opération est achevée. La racine de la quantité proposée est donc $3c-2dx+4fy$.

Pour s'assurer si on a bien operé , on fait la preuve de la même maniere que pour les nombres.

236. Remarquez qu'il n'y a point d'épreuve à faire dans l'extraction de la racine des quantitez littérales, non plus que dans la division de ces quantitez.

237. Remarquez encore que le terme qui sert de premier membre , doit être un quarré parfait ; de sorte que si le premier terme de la quantité n'est pas un quarré , il en faut choisir un autre qui soit quarré , sur lequel on commencera l'opération : par exemple , si le premier terme de la quantité proposée avoit été $-12cdx$, il auroit fallu prendre un autre terme pour commencer l'opération.

LIVRE SECOND.

CONTENANT

UN TRAITE' DES RAISONS, des Proportions & des Fractions.

IL n'y a point de partie dans les Mathématiques qui foit fi utile & fi néceffaire, que celle qui traite des proportions : on les employe fouvent dans les démonftrations, & elles font le fondement de la plûpart des opérations que l'on fait, telles que font les regles de trois, de compagnie, d'alliage, de fauffes pofitions, &c. C'eft par le moyen des proportions, que l'on découvre la folution d'une infinité de queftions & de problêmes que l'on ne pourroit réfoudre fans leur fecours : c'eft pourquoi ceux qui ont deffein de faire quelque progrès dans la Science des Mathématiques, doivent s'appliquer d'une maniere particuliere à cette partie qui eft la clef des autres.

DES RAISONS.

Une *raifon*, comme on prend ici ce terme, eft le Arr. I. rapport ou la comparaifon de deux grandeurs, foit nombres, étenduës, vîteffes, temps, &c. Or on peut comparer deux grandeurs en deux manieres differentes, ou en confidérant de combien l'une furpaffe l'autre, ou en examinant comment l'une contient l'autre. La premiere maniere de confidérer deux grandeurs, eft appellée *Raifon arithmétique*, & la feconde, *Raifon géométrique*.

2. La raison arithmétique est donc une comparaison de deux grandeurs, dans laquelle on considere de combien l'une surpasse ou est surpassée par l'autre : par exemple, si je considere que 6 surpasse 2 de 4 ; cette comparaison des nombres 6 & 2 , est une raison arithmétique.

3. La raison géometrique est une comparaison de deux grandeurs, dans laquelle on considere la maniere dont l'une contient l'autre, ou, ce qui revient au même, la raison géometrique est la maniere dont une grandeur en contient une autre : par exemple si je considere que 6 contient 2 trois fois, cette comparaison est une raison ou rapport géometrique.

4. Remarquez qu'une grandeur en peut contenir une autre ou en entier ou en partie : par exemple, 6 contient 2 entierement trois fois : mais 5 ne contient 20 qu'en partie ; c'est-à-dire, que 5 contient seulement une partie de 20, sçavoir le quart : de même 12 contient en partie 18 , parce qu'il en renferme les deux tiers.

5. Il y a deux termes dans toute raison , soit arithmétique, soit géométrique, l'*antécedent* & le *conséquent*; l'antécedent est celui qui est comparé à l'autre ; le conséquent est celui auquel l'antécedent est comparé. L'antécedent est toûjours le premier terme de la raison , & le conséquent est le second : dans l'exemple proposé 6 est l'antécedent , & 2 est le conséquent.

6. C'est par la souftraction que l'on découvre de combien une grandeur surpasse l'autre ; c'est pourquoi on connoît la valeur d'une raison arithmétique, en ôtant le conséquent de l'antécedent, ou l'antécedent du conséquent : par exemple , on connoît la valeur de de la raison arithmétique de 6 à 2 , en ôtant 2 de 6 : mais on verra dans la suite que la valeur de la raison géométrique se connoît en divisant toûjours l'antécedent par le conséquent.

Quand on parle de raiſon ſans déterminer l'arithnétique ou la géometrique, il faut toûjours entendre a géometrique ; c'eſt la même choſe quand on ſe ſert lu terme de rapport.

7. Pluſieurs auteurs définiſſent la raiſon géometrique en diſant que c'eſt la maniere dont une grandeur, :'eſt l'antécedent, en contient une autre, ſçavoir le :onſéquent, ou y eſt contenuë ; ils ajoûtent ces ternes *ou y eſt contenuë* pour exprimer le cas dans lequel l'antécedent eſt plus petit que le conſéquent : nais cette définition n'eſt pas exacte. Car ſi dans ce :as la raiſon étoit la maniere dont l'antécedent eſt con:enu dans ſon conſéquent, plus il y ſeroit contenu, plus a raiſon ſeroit grande, puiſqu'alors cette maniere ſeroit plus grande. Or cela n'eſt pas vrai : car, comme 1ous le verrons bien-tôt dans le quatriéme principe, la raiſon de 6 à 12 eſt plus grande que celle de 4 à 12, quoique l'antécedent de cette derniere ſoit contenu plus de fois dans ſon conſéquent que celui de la premiere ne l'eſt dans le ſien.

On peut comparer une raiſon avec une autre, pour voir ſi elle eſt égale, ou plus grande ou plus petite. Nous allons donner quelques définitions, & enſuite nous expoſerons pluſieurs principes qui ſerviront beaucoup pour cette comparaiſon, & pour l'intelligence de ce que nous dirons dans la ſuite.

Il faut diſtinguer deux ſortes de parties d'un tout ; ſçavoir, les parties *aliquotes* & les parties *aliquantes*.

8. Les parties aliquotes ſont celles qui répetées un certain nombre de fois, meſurent leur tout exactement, c'eſt-à-dire, ſans reſte : par exemple, 3 eſt partie aliquote de 12, parce qu'étant répeté quatre fois, il meſure exactement 12, ou, ce qui eſt la même choſe, il eſt contenu quatre fois exactement dans 12 : de même 6 eſt partie aliquote de 30, parce qu'il eſt contenu cinq fois ſans reſte dans 30.

port de 12 à 15 comparé à celui de 9 à 15 , auquel cas l'antécedent contient une plus grande partie du conséquent , quoiqu'il ne le contienne pas entierement.

PRINCIPE V.

16. Plus le conséquent d'une raison est grand , l'antécedent demeurant le même , plus la raison est petite : par exemple , la raison de 3 à 9 est plus petite que celle de 3 à 6 ; & de même la raison de 16 à 8 est plus petite que celle de 16 à 4. Pour donner un exemple en lettres , supposons que b est plus grand que c ; pour lors la raison de a à b est moindre que celle de a à c. C'est encore une suite de la notion de raison : car l'antécedent étant toûjours le même , il contiendra moins un conséquent plus grand qu'un plus petit.

PRINCIPE VI.

17. Le rapport de deux grandeurs est égal au rapport qui est entre leurs moitiez, ou leurs tiers , ou leurs quarts , ou leurs cinquiémes , &c. par exemple , le rapport qui est entre 60 & 20, est égal à celui de leurs moitiez 30 & 10 , à celui de leurs quarts 15 & 5 , à celui de leurs cinquiémes 12 & 4 , &c. Ce principe est évident , puisque si une des grandeurs contient trois fois l'autre , comme dans l'exemple proposé , on conçoit que la moitié de la premiere contiendra trois fois la moitié de la seconde , que le quart de la premiere contiendra trois fois le quart de la seconde , & le cinquiéme de la premiere , trois fois le cinquiéme de la seconde : en général le rapport qui est entre les tous , est égal à celui qui est entre les parties semblables , par exemple , deux tiers , deux quarts , deux huitiémes , deux quinziémes , &c.

Principe VII.

18. Quand on multiplie deux grandeurs, comme 8 & 4, par une troisiéme telle que 5, les produits 40 & 20 ont entr'eux une raison égale à celle des deux premieres grandeurs avant la multiplication. C'est une suite évidente du sixiéme principe : car il est clair que les grandeurs 8 & 4 sont chacune des parties semblables, sçavoir, les cinquiémes des produits, puisqu'elles ont été multipliées par 5 ; & par conséquent la raison qui est entre les produits est égale à celle qui est entre leurs parties semblables. Pour énoncer ce principe on dit ordinairement, les produits sont entr'eux comme les racines lorsqu'elles ont été multipliées par la même quantité : dans l'exemple proposé, 8 & 4 sont les racines. En général, si on multiplie a & b par d, les produits ad & bd sont entr'eux comme les racines a & b.

On peut appercevoir la vérité de ce septiéme principe indépendamment du sixiéme : car les deux produits 40 & 20 contenant l'un & l'autre 5 parties, il est évident que si chacune des parties du premier produit contient deux fois une partie du second, il est nécessaire que le premier produit contienne aussi deux fois le second ; ainsi les produits ont entre eux une raison égale à celle des racines, lorsqu'elles ont été multipliées par une même grandeur. On peut appliquer le même raisonnement au principe suivant.

Principe VIII.

19. Lorsqu'on divise deux grandeurs par une troisiéme, les quotiens ont entr'eux une raison égale à celle des grandeurs avant la division : par exemple, si on divise 40 & 20 par 5, les quotiens 8 & 4 ont un même rapport que 40 & 20. En général ad & bd étant divisez l'un & l'autre par d, les quotiens a & b ont un rapport égal à celui de ad à bd. C'est aussi une suite du

fixiéme principe, puifque les quotiens de deux grandeurs divifées par une troifiéme, font des parties femblables de ces grandeurs: fi, par exemple, le divifeur eft 3, les quotiens font des tiers; fi le divifeur eft 4, les quotiens font des quarts; fi le divifeur eft 5, les quotiens font des cinquiémes, &c.

20. Une raifon comme celle de 60 à 20 peut être marquée en cette maniere, $\frac{60}{20}$ en mettant le conféquent fous l'antécedent, & féparant l'un de l'autre par une petite ligne. Quand deux raifons font égales, on les marque fouvent l'une & l'autre comme nous venons de dire, & on met le figne d'égalité entre deux: par exemple, on exprime l'égalité des raifons de 60 à 20 & de 30 à 10 en cette maniere, $\frac{60}{20} = \frac{30}{10}$. De même $\frac{a}{b} = \frac{c}{d}$ fignifie que la raifon de a à b eft égale à celle de c à d.

Tout cela pofé, je dis que deux raifons font égales.

21. 1°. Lorfque chacun des antécedens contient fon conféquent exactement ou fans refte & le même nombre de fois: par exemple, la raifon de 12 à 4 eft égale à celle de 15 à 5, parce que l'antécedent 12 de la premiere raifon contient fon conféquent 4 trois fois, comme l'antécedent 15 contient fon conféquent 5 auffi trois fois fans refte. De même $\frac{30}{6} = \frac{10}{2}$ parce que les deux antécedens 30 & 10 contiennent chacun cinq fois leur conféquent.

22. 2°. Quand les antécedens contiennent également & fans refte les parties aliquotes pareilles des conféquens: par exemple, la raifon de 12 à 21 eft égale à celle de 8 à 14, parce que les deux antécedens 12 & 8 contiennent autant de fois chacun les aliquotes pareilles de leur conféquent: car ces aliquotes pareilles font 3 & 2. Or 3 eft contenu quatre fois dans 12, & 2 eft auffi contenu quatre fois dans l'autre antécedent 8. De même $\frac{15}{6} = \frac{40}{14}$, parce que les aliquo-

tes pareilles des conséquens, sçavoir 3 & 8, sont contenuës chacune cinq fois dans leur antécedent ; sçavoir 3 dans 15,& 8 dans 40. Enfin $\frac{5}{15} = \frac{7}{21}$, parce que les aliquotes pareilles des conséquens, sçavoir 5 & 7, sont contenuës chacune une fois exactement dans leur antécedent.

Il est évident qu'il y a égalité de raisons dans l'un & l'autre cas : car une raison est la maniere dont l'antécedent contient son conséquent ; donc deux raisons sont égales lorsque chaque antécedent contient son conséquent de la même maniere. Or dans le premier cas les antécedens contiennent leur conséquent de la même maniere, puisqu'ils le contiennent le même nombre de fois. De même dans le second cas les deux antécedens contiennent chacun leur conséquent de la même maniere, puisqu'ils renferment autant de fois & sans reste les aliquotes pareilles des conséquens ; ainsi dans le second cas les raisons sont égales comme dans le premier.

Nous avons dit dans le premier cas que deux raisons sont égales, lorsque les antécedens contiennent chacun leur conséquent exactement & le même nombre de fois : nous venons de dire dans le second que deux raisons sont aussi égales, quoique les antécedens ne contiennent pas exactement leur conséquent, pourvû que ces antécedens contiennent exactement & le même nombre de fois les aliquotes pareilles de leur conséquent. Il peut arriver que deux raisons soient égales, quoique ni les conséquens entiers, ni les aliquotes pareilles de ces conséquens ne soient pas contenus exactement ou sans reste dans les antécedens : c'est ce que nous allons voir dans le troisiéme cas.

23. 3°. Enfin deux raisons sont égales, lorsque les antécedens ne contenant pas exactement les conséquens ni leurs aliquotes pareilles, ils contiennent cependant ces aliquotes le même nombre de fois avec

des reftes qui ont entr'eux une raifon égale à celle des aliquotes pareilles : par exemple , $\frac{81}{120} = \frac{27}{40}$, parce que les antécedens 81 & 27 contiennent chacun deux fois 30 & 10 qui font les aliquotes pareilles des conféquens , & d'ailleurs les reftes des antécedens , fçavoir 21 & 7 ont entr'eux une raifon égale à celle des aliquotes pareilles 30 & 10.

À la place de 30 & de 10, on pourroit prendre d'autres aliquotes pareilles plus petites comme 15 & 5 qui font contenuës cinq fois chacune dans leur antécedent avec les reftes 6 & 2, dont la raifon eft égale à celle des aliquotes pareilles 15 & 5.

Si au lieu de prendre les aliquotes pareilles 30 & 10, ou 15 & 5, comme nous avons fait, on choififfoit 3 pour aliquote du premier conféquent 120, & 1 pour aliquote pareille de l'autre conféquent 40, ces deux aliquotes 3 & 1 feroient contenuës chacune vingt-fept fois fans refte dans leur antécedent : ce qui réviendroit au fecond cas.

24. Mais on démontre en Géometrie qu'il y a des grandeurs ; fçavoir, des lignes , des furfaces , &c. qui font telles qu'aucune aliquote de l'une ne peut être aliquote de l'autre ; en forte que fi l'une eft antécedent & l'autre conféquent d'une raifon, il fera impoffible de trouver une aliquote du conféquent, fi petite qu'elle foit, qui puiffe être contenuë fans refte dans l'antécedent : ces fortes de grandeurs s'appellent *incommenfurables* ; c'eft-à-dire, qu'elles n'ont point de mefure commune, & la raifon qui fe trouve entr'elles eft nommée *fourde*, ou *rapport incommenfurable*, on dit auffi que ces grandeurs ne font pas entr'elles comme nombre à nombre, parce qu'il n'y a point de nombres qui n'ayent au moins l'unité pour mefure commune, fi ce font des nombres entiers ; & fi ces nombres font des fractions, ils auront toûjours une mefure commune ; fçavoir, quelque partie de l'unité.

Nous

Nous ne nous arrêterons pas à démontrer l'égalité des raisons dans ce troisiéme cas, parce que cela n'est pas nécessaire pour la suite.

25. Une raison géométrique n'étant que la maniere dont l'antécedent contient son conséquent, il est clair qu'on peut connoître la valeur d'une raison en divisant l'antécedent par le conséquent, puisque c'est en divisant une grandeur par une autre que l'on connoît combien la premiere contient la seconde, ou, ce qui est la même chose, combien la seconde est contenuë dans la premiere : par exemple, pour sçavoir combien 30 contient 5, il faut diviser 30 par 5, & le quotient 6 marque que 30 contient 5 six fois ; ainsi la valeur de la raison $\frac{30}{5}$ est le quotient 6 : ce que l'on marque en cette maniere, $\frac{30}{5} = 6$. On peut donc dire en général que la valeur d'une raison est le quotient de l'antécedent divisé par le conséquent.

26. Il suit de-là que la raison de 30 à 5 est fort differente de celle de 5 à 30. Car on vient de dire que la valeur de la raison de 30 à 5 est exprimée par 6 : au lieu que la valeur de la raison de 5 à 30 est la fraction $\frac{1}{6}$ qui marque le quotient de 5 divisé par 30, puisque 5 ne contient que la sixiéme partie de 30. Ainsi cette raison de 5 à 30 est 36 fois plus petite que celle de 30 à 5, parce que le quotient $\frac{1}{6}$ est seulement la trente-sixiéme partie de l'autre quotient 6.

27. Il suit aussi que deux raisons sont égales, lorsque les quotiens des antécedents divisés par les conséquents sont égaux : & réciproquement, les quotiens sont égaux lorsque les raisons sont égales.

28. Il arrive fort souvent qu'on ne peut faire exactement la divsion de l'antécedent par le conséquent, soit parce que ce conséquent est plus grand que l'antécedent, soit parce qu'il n'y est pas contenu sans reste: pour lors le quotient peut être mar-

qué par quelque lettre que l'on suppose représenter la valeur de la raison : par exemple, la valeur de la raison $\frac{5}{7}$ ne peut être exprimée par un nombre entier qui soit le quotient de l'antécedent divisé par le conséquent. De même la raison $\frac{20}{9}$ ne peut être exprimée par un nombre entier, parce que 9 n'est pas contenu sans reste dans 20 : cependant on peut supposer dans l'un & l'autre exemple que la raison est exprimée par une lettre qui désigne le quotient ; ainsi on peut supposer que $\frac{5}{7}=m$, & que $\frac{20}{9}=n$. En général la raison $\frac{a}{b}=m$, en supposant que la lettre m représente le quotient de a divisé par b.

DES PROPORTIONS.

29. Deux raisons égales forment une *proportion* qui n'est autre chose que l'égalité de deux raisons, ou la comparaison de deux raisons égales : & comme il y a deux sortes de raisons, il y a aussi deux sortes de proportions, la *géométrique* & *l'arithmetique*.

30. La proportion géométrique est une comparaison de deux raisons géométriques égales : par exemple, la raison géométrique de 15 à 5 étant égale à celle de 21 à 7, ces deux raisons forment une proportion géométrique que l'on marque souvent comme nous avons dit, $\frac{15}{5}=\frac{21}{7}$, & plus ordinairement, en mettant quatre points entre les deux raisons, & un point entre l'antécedent & le conséquent de chacune en cette maniere, $15.5::21.7$. En général s'il y a proportion entre les quatre grandeurs a, b, c & d, on la marque ainsi, $a.b::c.d$, ou bien, $\frac{a}{b}=\frac{c}{d}$. Lorsqu'il s'agit d'énoncer une proportion comme la premiere qu'on a apportée pour exemple, on dit : la raison de 15 à 5 est égale à celle de 21 à 7, ou bien, 15 est à 5 comme 21 à 7. On dit encore : 15 & 5 sont

entr'eux comme 21 & 7 , & quelquefois , 15 , 5 , 21
& 7 font proportionels.

31. La proportion arithmétique eſt une comparaiſon de deux raiſons arithmétiques égales : par exemple, les raiſons arithmétiques de 5 à 3 & de 8 à 6 étant
égales , elles forment une proportion arithmétique
qui ſe marque en cette maniere , 5 ↗3 : 8 . 6 , en mettant ſeulement deux points au lieu de quatre entre les
raiſons.

32. Pour connoître ſi deux raiſons arithmétiques ,
telles que celle de 5 à 3 , & de 8 à 6 ſont égales , il
faut ſe ſouvenir que la raiſon arithmétique n'eſt que
la maniere dont une grandeur ſurpaſſe l'autre , ou autrement l'excès de l'une ſur l'autre ; d'où il ſuit , que les
raiſons arithmétiques ſont égales , quand les antécedens ſurpaſſent également les conſéquens , ou lorſque
les conſéquens ſurpaſſent également les antécedens :
dans l'exemple propoſé , les deux antécedens 5 & 8
ſurpaſſant également leurs conſéquens 3 & 6 , ſçavoir
de 2 , les deux raiſons arithmétiques de 5 à 3 , & de 8
à 6 ſont égales.

Voici un exemple de la proportion arithmétique en
lettres : ſi *a* ſurpaſſe autant *b* que *c* ſurpaſſe *d* , on aura
la proportion arithmétique *a* . *b* : *c* . *d*. On énonce la
proportion arithmétique comme la géométrique.

33. Il n'y a point de grandeurs , ſoit nombres , étenduës , mouvemens , vîteſſes , &c. entre leſquelles il n'y
ait une raiſon géometrique & une raiſon arithmétique : par exemple, entre 12 & 3 il y a une raiſon géometrique que l'on exprimeroit par 4 , parce que l'antécedent 12 contient 4 fois le conſéquent 3 ; il y a auſſi
entre les mêmes nombres 12 & 3 une raiſon arithmétique que l'on marqueroit par 9 , parce que l'antécedent ſurpaſſe le conſéquent de 9 : ce qui fait voir qu'il
y a bien de la différence entre la raiſon géometrique &
l'arithmétique ; c'eſt pourquoi quatre grandeurs peu-

vent être en proportion géometrique, quoiqu'elles ne
soient pas en proportion arithmétique : par exemple,
il y a une proportion géometrique entre ces quatre
nombres, 12, 3, 20, 5 : mais il n'y a point de proportion arithmétique, parce que 12 ne surpasse pas
autant 3, que 20 surpasse 5 ; il faudroit mettre 11 à
la place de 5, & on auroit, 12 . 3 : 20 . 11 : c'est une
proportion arithmétique, parce que 12 surpasse autant 3, que 20 surpasse 11.

34. Dans une proportion, soit géometrique, soit
arithmétique, il y a quatre termes ; sçavoir, l'antécédent & le conséquent de la premiere & de la seconde
raison : par exemple, dans la proportion, *a . b :: c . d*,
a & *b* sont l'antécedent & le conséquent de la premiere raison ; *c* & *d* sont l'antécedent & le conséquent
de la seconde raison.

35. Le premier & le dernier terme s'apppellent les
extrêmes, le second & le troisiéme les *moyens* : dans notre exemple, *a* & *d* sont les extrêmes, *b* & *c* sont les
moyens.

36. Quelquefois le même terme est conséquent de
la premiere raison, & antécedent de la seconde ; on
l'appelle *moyen proportionnel* : comme dans cette proportion géometrique, 5 . 10 :: 10 . 20 ; ou bien dans
cette proportion arithmétique, 5 . 10 : 10 : 15 ; dans
l'une & l'autre 10 est moyen proportionnel, & la
proportion est appellée *continue* : on la marque souvent en cette sorte, ÷ 5 . 10 . 20, pour la proportion
géometrique, & de cette maniere, ÷ 5 . 10 . 15,
pour la proportion arithmétique.

37. Lorsqu'il y a plus de trois termes dans l'une ou
l'autre proportion continuë, on la nomme *progreßion* :
voici une progreßion géometrique, ÷ 5 . 10.20.40.
80. 160, &c. & voici une progreßion arithmétique,
÷ 5 . 10. 15. 20. 25. 30, &c. Une progreßion est donc
une suite de raisons égales, dont chacun des termes,

excepté le premier & le dernier, eft conféquent d'u-
ne raifon & antécedent de la fuivante : nous difons
excepté le premier & le dernier terme : car il eft clair
que le premier n'eft qu'antécedent de la premiere raifon, & que le dernier n'eft que conféquent de la derniere. Pour énoncer la premiere progreffion, on dit :
5 eft. à 10 comme 10 eft à 20, comme 20 eft à 40,
comme 40 eft à 80, comme 80 eft à 160, &c. La feconde progreffion, qui eft l'Arithmétique, s'énonce
de la même maniere, en exprimant les termes 5, 10,
15, 20, 25, 30, &c. à la place de ceux de la progreffion géometrique.

38. Il paroît par ce qui a été dit, que fi les deux
premiers termes d'une proportion géometrique font
égaux, les deux derniers font auffi égaux entr'eux. Pareillement fi les antécedens font égaux, les conféquens
font auffi égaux entr'eux:& réciproquement fi les conféquens font égaux,il faut que les antécedens le foient
auffi : par exemple, fi dans la proportion $a \cdot b :: c \cdot d$,
les deux termes a & b font égaux, les deux autres c & d
font auffi égaux entr'eux; mais il n'eft pas néceffaire
qu'ils foient égaux aux deux premiers. Pareillement fi
les antécedens a & c font égaux, les conféquens b & d
font encore égaux ; & fi les conféquens font égaux, les
antécedens le font auffi. Tout cela eft une fuite de la
notion de la proportion géometrique: car afin que deux
raifons foient égales, il faut que chaque antécedent
contienne fon conféquent de la même maniere. Or cela
pofé, tout ce que l'on vient de dire eft vrai.

39. De ce que chaque antécedent d'une proportion
géometrique doit contenir fon conféquent de la même
maniere, il fuit encore que fi un des antécedens eft
plus grand que fon conféquent, l'autre antécedent
doit auffi être plus grand que fon conféquent. Et fi un
des antécedens eft moindre que fon conféquent, l'autre fera pareillement moindre que le fien. Ces deux

derniers articles peuvent aussi s'appliquer à la proportion arithmétique.

Nous avons averti que quand on parloit des raisons
sans spécifier la géometrique ou l'arithmétique, il falloit entendre la géometrique : on doit de même entendre la proportion géometrique quand on parle de proportion, à moins qu'on ne spécifie l'arithmétique.
Nous allons traiter de la proportion géometrique, &
ensuite nous dirons quelque chose de la proportion
arithmétique.

La propriété fondamentale de la proportion géometrique, est l'égalité du produit des extrêmes à celui des moyens. Il n'y a point de proposition dans
toutes les Mathématiques d'un usage aussi étendu ;
nous allons en faire le théorême suivant.

THÉORÊME PREMIER ET FONDAMENTAL.

40. *Dans toute proportion géometrique, le produit des
extrémes est égal au produit des moyens.*

Soit la proportion 8 . 4 :: 6 . 3 , dont les deux extrêmes sont 8 & 3 , & les deux moyens 4 & 6 ; il faut
prouver que le produit de 8 par 3 est égal au produit
de 4 par 6.

DEMONSTRATION.

Si on multiplie 8 & 4 par 3 , le produit de 4 par 3
sera la moitié du produit de 8 par 3 , puisque 4 est la
moitié de 8 : mais si au lieu de multiplier 4 par 3 on le
multiplioit par un nombre double de 3 , le produit
qui en viendroit seroit double du produit de 4 par 3 ,
& par conséquent égal au produit de 8 par 3. Or le
second moyen 6 est nécessairement le double de 3 ,
parce que le premier antécédent 8 étant le double de
son conséquent 4 , il faut aussi que le second antécédent 6 soit le double de son conséquent 3 ; autrement
il n'y auroit pas de proportion : donc le produit de 4
par 6 est égal au produit de 8 par 3 , c'est-à-dire, que

le produit des moyens eſt égal au produit des extrêmes. Ce qu'il falloit démontrer.

Il eſt évident que la même démonſtration peut s'appliquer à toute autre proportion, en changeant ſeulement les termes de *moitié* & de *double*, lorſque cela eſt
néceſſaire; ſi par exemple, il s'agiſſoit d'une proportion, dont les antécedens fuſſent trois fois plus grands
que leurs conſéquens, comme dans celle-ci, $15.5::$
12.4, il faudroit mettre dans la démonſtration *tiers* à
la place de *moitié*, & *triple* à la place de *double* : ainſi des
autres proportions.

Ce raiſonnement fait entendre la raiſon pourquoi le
produit des extrêmes eſt égal au produit des moyens :
on appelle ces ſortes de démonſtrations *métaphiſiques* :
nous allons donner une autre démonſtration par
lettres.

AUTRE DÉMONSTRATION.

Soit la proportion $a.b::c.d$, ou bien $\frac{a}{b}=\frac{c}{d}$,
laquelle peut repréſenter toutes les autres, à cauſe
des lettres qui peuvent déſigner toutes les grandeurs
poſſibles. Il faut démontrer que ad produit des extrêmes, eſt égal à bc produit des moyens.

Si on multiplie les deux termes de la premiere raiſon qui ſont a & b par d conſéquent de la ſeconde, les
produits ad & bd qui viendront de cette multiplication,
auront entr'eux une raiſon égale à celle des racines
a & b * ; ainſi on aura la proportion $\frac{ad}{bd}=\frac{a}{b}$: de mê-   * 18.
me ſi on multiplie les deux termes c & d de la ſeconde
raiſon par b conſéquent de la premiere, les produits
bc & bd ſeront encore entr'eux comme les racines c & d,
où, ce qui eſt la même choſe, les racines c & d auront
entr'elles une raiſon égale à celle des produits bc & bd; on
aura donc cette ſeconde proportion $\frac{c}{d}=\frac{bc}{bd}$.

Voici donc les deux proportions que donnent les deux multiplications précedentes.

$$\frac{ad}{bd} = \frac{a}{b}\ \text{premiere proportion.}$$

$$\frac{c}{d} = \frac{bc}{bd}\ \text{seconde proportion.}$$

Ces deux proportions contiennent quatre raisons, qui sont $\frac{ad}{bd}$, $\frac{a}{b}$, $\frac{c}{d}$, $\frac{bc}{bd}$. La premiere de ces raisons est égale à la seconde par la premiere proportion ; la seconde est égale à la troisiéme par l'hypothese ; & la troisiéme est égale à la quatriéme par la seconde proportion ; d'où il suit que la premiere $\frac{ad}{bd}$ & la quatriéme * 12. $\frac{bc}{bd}$ sont égales. * Or ces deux raisons égales ont le même conséquent ; ainsi les deux antécedens ad & bc * 14. sont égaux , * puisqu'ils ont un même rapport à une troisiéme grandeur , sçavoir , au conséquent bd ; donc $ad = bc$, c'est-à-dire , que le produit des extrêmes est égal à celui des moyens. Ce qu'il fal. dem.

COROLLAIRE.

41. Dans une proportion continuë , le produit des extrêmes est égal au quarré de la moyenne proportionelle. Soit la proportion continuë , $a . b :: b . c$; je dis que $ac = bb$ ou $bb = ac$. C'est une suite évidente du précedent Théorême ; car , puisque le quarré de la moyenne proportionnelle est le produit des moyens, il doit par conséquent être égal au produit des extrêmes.

Nous venons de faire voir que quand quatre grandeurs sont proportionnelles , le produit des extrêmes est égal au produit des moyens; on peut aussi démontrer la proposition inverse ou réciproque ; c'est ce que nous allons faire dans le Théorême suivant.

THE'ORÊME II.

42. *Lorsque le produit des extrêmes est égal au produit des moyens , les quatre grandeurs sont proportionnelles.*

Soient les quatre nombres 8 , 4 , 6 , 3 dont le produit des extrêmes , 8×3 , soit égal au produit des
moyens , 4×6 : il faut prouver que 8 . 4 :: 6 . 3.

DÉMONSTRATION.

Le premier multiplicande 8 étant double du second
multiplicande 4 , il faut que le multiplicateur de 4
soit double du multiplicateur de 8 : autrement les
produits ne seroient pas égaux : ce qui est contre l'hypothese ; par conséquent le premier multiplicande est
au second , comme le second multiplicateur est au
premier , ou , ce qui est la même chose, 8 . 4 :: 6 . 3.
Ce qu'il falloit démontrer.

On démontrera la même chose toutes les fois que
deux produits seront égaux : car pour lors si le premier multiplicande est le triple du second , le second
multiplicateur sera le triple du premier ; si le premier multiplicande est cent fois plus grand que le second , le second multiplicateur sera cent fois plus
grand que le premier , &c. On entend ici par second
multiplicateur , celui par lequel on multiplie le second multiplicande.

AUTRE DÉMONSTRATION.

Soient les quatre grandeurs a , b , c , d , dont le produit des extrêmes qui est ad soit égal à bc produit des
moyens ; il faut prouver qu'il s'ensuit que $\frac{a}{b} = \frac{c}{d}$.

En multipliant les deux premieres grandeurs a & b
par la quatriéme d , les produits ad & bd qui viennent
de la multiplication, sont en même raison que les racines a & b *, ou , ce qui est la même chose , les ra-   * 18.
cines a & b ont entr'elles une raison égale à celle des
produits ad & bd : ce qui donne la proportion $\frac{a}{b} = \frac{ad}{bd}$.
De même en multipliant les deux grandeurs c & d par
b , les produits bc & bd sont encore en même raison
que les racines c & d. On a donc cette seconde proportion $\frac{bc}{bd} = \frac{c}{d}$.

Voici donc les deux proportions que donnent les multiplications précedentes.

$$\frac{a}{b} = \frac{ad}{bd} \quad \text{premiere proportion.}$$

$$\frac{bc}{bd} = \frac{c}{d} \quad \text{seconde proportion.}$$

Ces deux proportions contiennent quatre raisons qui sont $\frac{a}{b}$, $\frac{ad}{bd}$, $\frac{bc}{bd}$, $\frac{c}{d}$. La premiere de ces raisons est égale à la seconde par la premiere proportion ; la seconde est égale à la troisiéme , parce que les deux antécedens ad & bc étant égaux par l'hypothese , ils ont même rapport à une troisiéme grandeur telle
* 13. que bd * : enfin la troisiéme raison $\frac{bc}{bd}$ est égale à la quatriéme $\frac{c}{d}$ par la seconde proportion ; d'où il suit
* 12. que la premiere raison $\frac{a}{b}$ est égale à la quatriéme $\frac{c}{d}$, * c'est-à-dire , que $a \cdot b :: c \cdot d$. Ce qu'il fal. dem.

C o r o l l a i r e.

43. Toutes les fois que le produit de deux grandeurs est égal au produit de deux autres , on peut toûjours faire une proportion des quatre grandeurs qui composent ces deux produits , en prenant pour extrêmes les deux racines d'un produit, & pour moyens les deux racines de l'autre produit : par exemple, si $ad = bc$ on en peut faire la proportion , $a \cdot b :: c \cdot d$, en prenant pour extrêmes les racines a & d du premier produit, & pour moyens les racines b & c du second. Il est clair par le second théorême que cette proportion $a.b :: c.d$ est vraie , puisque l'on suppose que le produit des extrêmes est égal au produit des moyens. De même si $abc = dfg$, on en peut tirer la proportion $a \cdot d :: fg \cdot bc$. Dans ce dernier exemple, quoique chacun des produits égaux abc & dfg soit composé de trois racines , on le regarde comme n'en ayant que deux ; sçavoir ,

a & *bc* pour le premier produit , & *d* & *fg* pour le fecond, confidérant *bc* comme une feule racine dans *abc* ,
& *fg* comme une feule racine dans *dfg*. De cette même
égalité *abc*=*dfg* on auroit pû tirer cette autre proportion , *ab* . *df* :: *g* . *c*. En un mot deux produits étant
égaux , on peut toûjours conclure que les deux racines qui compofent le premier , peuvent être les extrêmes d'une proportion dont les deux racines qui compofent l'autre produit , foient les moyens , telles que
foient les deux racines qui compofent l'un & l'autre
produit.

On voit par-là que pour connoître fi quatre grandeurs font proportionnelles il n'y a qu'à chercher fi le
produit des extrêmes eft égal à celui des moyens.

49. Les deux racines d'un produit font dites *réciproques* aux deux racines d'un autre produit égal. En général deux grandeurs font dites réciproques à deux
autres , lorfque les deux premieres font les extrêmes
d'une proportion dont les deux autres font les moyens :
par exemple , *a* & *d* font réciproques à *b* & à *c* , fi
a . *b* :: *c* . *d*.

50. On fe fert du terme *réciproquement* dans une
fignification différente que nous allons expliquer par
un exemple. Si on divife une grandeur par deux divifeurs tels qu'on voudra , les quotiens font entr'eux
non pas comme les divifeurs ; ce qui voudroit dire que
le premier divifeur eft au fecond , comme le premier
quotient eft au fecond : mais ces quotiens font entr'eux
réciproquement comme les divifeurs , ou, ce qui eft la
même chofe , ces quotiens font réciproquement proportionnels aux divifeurs , c'eft-à-dire , que le divifeur
de la premiere divifion eft au divifeur de la feconde ,
comme le quotient de la feconde divifion eft au quotient de la première : par exemple , fi on divife 40 par
10 , & enfuite par 5 , le premier quotient fera 4 , &
le fecond 8. Or 10 . 5 :: 8 . 4. La raifon qui eft entre

les diviſeurs eſt donc égale à celle qui eſt entre les quotiens pris dans un ordre renverſé ; c'eſt-à-dire, que ſi le diviſeur de la premiere diviſion eſt l'antécedent d'une raiſon, il faut que le quotient de la ſeconde diviſion ſoit l'antécedent de l'autre raiſon ; c'eſt ce que l'on veut exprimer quand on dit que les quotiens ſont entr'eux réciproquement comme les diviſeurs.

Remarquez donc que cette expreſſion *réciproquement* a lieu, lorſque deux grandeurs homogenes, c'eſt-à-dire, de même eſpece, ſont proportionnelles à deux grandeurs d'une autre eſpece priſes dans un ordre renverſé. Dans notre exemple les deux grandeurs de même eſpece ſont les diviſeurs, & les deux grandeurs de l'autre eſpece ſont les quotiens.

5 1. A la place du terme *réciproquement*, on ſe ſert quelquefois de ceux-ci, *en raiſon réciproque*, qui ont le même ſens ; ainſi dans notre exemple on peut dire que les quotiens ſont en raiſon réciproque des diviſeurs. On dit auſſi quelquefois *en raiſon renverſée*, & encore *en raiſon indirecte* ; ce qui ſignifie préciſément la même choſe qu'*en raiſon réciproque*.

5 2. Remarquez encore que dans l'exemple propoſé les deux termes qui viennent de la premiere diviſion, c'eſt-à-dire, le diviſeur & le quotient ſont les extrêmes de la proportion, & les deux termes de la ſeconde ſont les moyens ; c'eſt pourquoi on peut dire que le diviſeur & le quotient de la premiere diviſion, ſont réciproques au diviſeur & au quotient de la ſeconde ; mais on ne doit pas dire que le diviſeur & le quotient d'une diviſion, ſont entr'eux réciproquement comme le diviſeur & le quotient de l'autre diviſion : ce qui ſignifieroit que le premier diviſeur eſt au premier quotient, comme le ſecond quotient eſt au ſecond diviſeur.

On peut appliquer ces notions & ces remarques aux maſſes & aux viteſſes de deux corps qui ont des mou-

mens égaux : car dans ce cas d'égalité de mouve-
ens, les masses sont entr'elles réciproquement comme
s vitesses , ou, ce qui revient au même, les masses
nt réciproquement proportionnelles aux vitesses ; &
masse & la vitesse d'un corps sont réciproques à la
asse & à la vitesse d'un autre corps.

Afin de faire voir l'utilité des deux théorêmes pre-
dens, nous nous en servirons pour démontrer les
ropositions suivantes : nous allons commencer à les
mployer pour prouver que l'on peut faire plusieurs
hangemens dans l'ordre des termes d'une proportion
ns la détruire.

53. 1°. En mettant le premier conféquent à la place
u fecond antécedent, & le fecond antécedent à la
lace du premier conféquent ; ou, ce qui eft la même
hofe, en faifant changer de place aux deux moyens :
e changement s'appelle *alternando*, ou bien *permu-*
tndo : par exemple , dans la proportion $8 . 4 :: 6 . 3$
n peut mettre 4 & 6 à la place l'un de l'autre en cette
aniere, $8 . 6 :: 4 . 3$. De même en lettres, fi $a.b :: c.d$,
n pourra conclurre *alternando* , $a . c :: b . d$; car afin
que cette derniere proportion foit vraye , il fuffit que
d produit des extrêmes foit égal à bc produit des
noyens. Or il eft évident que $ad = bc$: car on fup-
ofe que $a . b :: c . d$; donc par le premier théorême
$d = bc$.

54. On peut de même faire changer de place aux
extrêmes , c'eft-à-dire , les mettre à la place l'un de
l'autre : par exemple , fi $a . b :: c . d$, il fuit que
$d . b :: c . a$. Ce changement peut auffi être appellé
alternando. La démonftration eft la même que la précedente.

55. 2°. En mettant dans l'une & l'autre raifon l'antécedent à la place du conféquent , & le conféquent
à la place de l'antécedent : ce changement eft appellé
invertendo : par exemple , fi $8 . 4 :: 6 . 3$, on pourra

conclurre que $4.8::3.6$. En général si $a.b::c.d$, je dis que $b.a::d.c$: cár afin que $b.a::d.c$, il fuffit que bc produit des extrêmes foit égal à ad produit des moyens. Or puifque l'on fuppofe que $a.b::c.d$, il eft néceffaire * que $ad=bc$ ou que $bc=ad$.

* 40.

56. Il eft vifible que fi $a.b::c.d$, on peut fans détruire la proportion, mettre la raifon de c à d la premiere ; & on aura $c.d::a.b$, & *invertendo*, $d.c::b.a$. Or les termes de cette derniere proportion font dans un ordre renverfé par rapport à la premiere $a.b::c.d$. On peut donc toûjours prendre les termes d'une proportion dans un ordre renverfé fans la détruire, c'eft-à-dire, que fi $a.b::c.d$, on pourra en conclurre que $d.c::b.a$. Ce changement peut être auffi appellé *invertendo*.

57. Il paroît par ces deux cas, que l'on ne détruit pas une proportion, pourvû que les extrêmes demeurent toûjours les mêmes auffi-bien que les moyens, ou pourvû que les deux termes qui étoient les extrêmes deviennent moyens, & les deux moyens deviennent extrêmes : mais on détruiroit la proportion fi un des extrêmes feulement devenoit moyen : par exemple, ayant la proportion $a.b::c.d$, on ne peut pas conclurre que $a.b::d.c$, ou que $b.a::c.d$.

Nous allons auffi expofer trois cas dans lefquels on ne détruit pas la proportion, quoique l'on augmente ou que l'on diminuë d'une certaine maniere les deux antécedens, ou les deux conféquens de la proportion.

58. 1°. Lorfqu'on multiplie les deux antécedens, ou les deux conféquens par une même grandeur : par exemple, fi $a.b::c.d$, il fuit que $2a.b::2c.d$, & que $a.2b::c.2d$. Afin de donner une démonftration générale, nous nous fervirons de là lettre n pour marquer le multiplicateur ; il faut donc prouver que fi $a.b::c.d$, il s'enfuit que $na.b::nc.d$. Afin que $na.b::nc.d$, il fuffit que nad produit des extrêmes foit égal à ncb ou nbc

oduit des moyens. Or ces deux produits font égaux :
r puifque par l'hypothefe $a.b :: c.d$, il faut que ad foit
al à bc ; & par conféquent en multipliant l'un & l'au-
e par n, les produits nad & nbc feront encore égaux.
n prouve de la même maniere que $a . nb :: c . nd$.
n voit par là qu'on peut doubler, tripler, &c. les
ux antécedens, ou les deux conféquens d'une pro-
rtion fans la détruire.

59. On peut auffi multiplier l'antécedent & le con-
quent de la premiere ou de la feconde raifon par
ie même grandeur : par exemple fi on a la propor-
n $a . b :: c . d$, on peut en conclurre $na . nb :: c . d$
i bien $a . b :: nc . nd$. La démonftration eft la même
ie dans l'article précedent. D'ailleurs ce changement
t une fuite manifefte du feptiéme principe * dans le-   *18.
uel nous avons fait voir que quand on multiplie
ux grandeurs par une troifiéme, les produits ont
itre eux une raifon égale à celle des deux premie-
s grandeurs avant la multiplication. On pourroit
ommer ces deux changemens *multiplicando*.

60. 2°. Lorfque l'on ajoûte les conféquens aux an-
cedens, en gardant toûjours les mêmes conféquens :
)n appelle ce changement *componendo* ou *addendo* :
ar exemple, fi $8 . 4 :: 6 . 3$, on pourra conclurre
que $8 + 4 . 4 :: 6 + 3 . 3$, ou bien, $12 . 4 :: 9 . 3$. En
énéral fi $a . b :: c . d$, je dis que $a + b . b :: c + d . d$:
ar afin que $a + b . b :: c + d . d$, il fuffit que $ad + bd$
roduit des extrêmes, foit égal à $bc + bd$ produit des
moyens. Or $ad + bd$ eft égal à $bc + bd$: car puifque
'on fuppofe que $a . b :: c . d$, il faut que ad foit égal à
bc *, & par conféquent $ad + bd = bc + bd$.   * 43.

61. On peut de même ajoûter l'antécedent de chaque raifon au conféquent : par exemple, fi $a . b :: c . d$,
je puis en conclurre que $a . b + a :: c . d + c$. on peut
auffi appeller ce changement *componendo* ou *addendo* :
il fe prouve de la même maniere.

62. 3°. Quand on ôte les conféquens des antécédens, en laiffant toûjours les mêmes conféquens : on
appelle ce changement *dividendo* ou *fubftrahendo* : par
exemple, fi $12 . 4 :: 9 . 3$, on pourra conclurre que
$12 — 4 . 4 :: 9 — 3 . 3$, ou bien, $8 . 4 :: 6 . 3$. En général fi $a . b :: c . d$, je dis que $a — b . b :: c — d . d$: car
afin que cette derniere proportion foit vraye, il fuffit
que $ad — bd$ produit des extrêmes foit égal à $bc — bd$ qui
eft le produit des moyens. Or $ad — bd = bc — bd$; car
puifque l'on fuppofe que $a . b :: c . d$, il faut que $ad = bc$,
& par conféquent $ad — bd = bc — bd$.

63. On peut pareillement retrancher l'antécedent
du conféquent : par exemple fi $a . b :: c . d$, je dis que
$a . b — a :: c . d — c$. ce changement peut encore être
appellé *dividendo* ou *fubftrahendo*, & fe démontre de la
même maniere.

66. Il ne fera pas inutile de voir tous ces change-
ments réunis, afin de les retenir & d'en remarquer la
différence.

On fuppofe que $a . b :: c . d$.

Donc *alternando*, $a . c :: b . d$, ou bien, $d . b :: c . a$.

invertendo, $b . a :: d . c$, ou bien, $d . c :: b . a$.

multiplicando, $\begin{cases} an . b :: cn . d, \text{ ou bien, } a . bn :: c . dn. \\ an . bn :: c . d, \text{ ou bien, } a . b :: cn . dn. \end{cases}$

componendo . $a + b . b :: c + d . d$, ou bien, $a . b + a :: c . d + c$.

dividendo, $a — b . b :: c — d . d$, ou bien, $a . b — a :: c . d — c$.

* Liv. I.
Art. 141.   69. Nous avons dit * que dans toute multiplication,
le produit contient autant de fois le multiplicande que
le multiplicateur contient l'unité, ainfi la raifon du
produit au multiplicande eft égale à celle du multiplicateur à l'unité. On a donc la proportion, le produit
eft au multiplicande, comme le multiplicateur eft à
l'unité

l'unité, si par exemple, on multiplie 5 par 3, le produit est 15 : ce qui fait la proportion, 15.5::3.1, ou bien *invertendo*, 1.3::5.15. De même en lettres, multipliant *a* par *b*, le produit est *ab* : ce qui donne la proportion, *ab*.*a* :: *b*.1, ou bien, 1.*b*::*a*.*ab*.

70. Nous avons aussi fait voir * que dans toute di- *Liv.I. vision, le dividende contient autant de fois le diviseur, Art.161. que le quotient contient l'unité ; d'où suit la proportion, le dividende est au diviseur, comme le quotient est à l'unité : par exemple, si on divise 24 par 6, le quotient sera 4 ; on aura donc la proportion 24.6::4.1, ou bien *invertendo*, 1.4:: 6.24 : c'est la même chose en lettres.

La *regle de trois*, qu'on appelle aussi *regle d'or*, dépend du premier théorême ; elle est d'une si grande utilité dans les Sciences & dans l'usage de la vie civile, que nous ne pouvons pas nous dispenser de l'expliquer ici.

71. Cette regle consiste à trouver un quatriéme terme qui soit proportionnel à trois autres qui sont connus : par exemple, supposé qu'on propose cette question : si quinze ouvriers ont fait vingt toises d'ouvrage, combien quarante-cinq ouvriers en feront-ils dans le même tems ? elle se résout par la regle de trois, parce qu'il s'agit de trouver un quatriéme terme proportionnel à trois autres connus qui sont les quinze ouvriers, vingt toises & quarante-cinq ouvriers. Le quatriéme terme que l'on cherche est le nombre de toises que les quarante-cinq ouvriers feront.

72. Afin de trouver ce quatriéme terme, on doit d'abord arranger ces quatre termes en proportion, en mettant x à la place du quatriéme terme cherché, en cette manière, $15^{ou}.20^t :: 45^{ou}.x^t$, ou *alternando*, $15^{ou}.45^{ou} :: 20^t.x^t$: cette dernière disposition est plus naturelle, parce que l'on y compare les termes homogenes l'un avec l'autre ; c'est-à-dire, dans cet exemple,

les ouvriers avec les ouvriers, & les toifes avec les toifes ; il eſt donc à propos de garder cette difpofition
dans laquelle les deux termes homogenes connus ſont
les deux premiers termes de la proportion.

Après avoir arrangé les termes, il faut obferver les
deux regles ſuivantes.

1°. Multiplier les deux moyens de cette proportion
l'un par l'autre : le produit ſera 900.

2°. Divifer ce produit par le premier terme 15 ; &
le quotient 60 ſera le quatriéme terme cherché.

Voici encore un autre exemple, 300 perſonnes
ont dépenſé 1043 livres ; on demande combien 60
perſonnes dépenferont à proportion dans le même
tems ? Ayant arrangé les quatre termes en proportion de la maniere ſuivante, 300ᵖ. 60ᵖ :: 1043ˡ. x ; je
multiplie les deux moyens 60 & 1043 l'un par l'autre ;
le produit eſt 62580 : je divife enfuite ce produit par
le premier terme 300, & je trouve au quotient 208,
& le reſte 180 que je mets en fraction ; ainfi le quatriéme terme cherché eſt $208 + \frac{180}{300}$.

73. Dans ces deux exemples les deux derniers termes homogenes ſont entr'eux comme les deux premiers ; c'eſt-à-dire, que dans le premier exemple, les
15 ouvriers ſont à 45 ouvriers, comme le nombre de
toifes faites par les 15 ouvriers, eſt au nombre des toifes faites par les 45 ouvriers : & de même dans le fecond exemple, 300 perſonnes ſont à 60, comme le
nombre de livres dépenfées par 300 perſonnes, eſt au
nombre de livres dépenfées par 60.

74. Mais il y a des queſtions où les deux derniers
termes homogenes ſont entr'eux réciproquement
comme les deux premiers ; ſoit par exemple, la queſtion ſuivante : 40 hommes ont fait un ouvrage en 25
jours ; on demande en combien de tems 50 hommes feront le même ouvrage. Les deux termes homogenes
connus de cette queſtion ſont 40 & 50, dont le pre-

mier eſt moindre que le ſecond ; par conſéquent afin
que les deux derniers termes homogenes 25 & x fuſſent entr'eux comme les deux premiers, il faudroit que
le nombre 25 qui répond à 40, fût auſſi moindre que
x qui répond à 50 : ce qui n'eſt pas vrai, parce que 40
hommes doivent employer plus de tems à faire un
ouvrage que 50 hommes ; c'eſt pourquoi les deux
nombres de jours 25 & x ne ſont pas entr'eux directement comme 40 & 50 : mais ces deux nombres
25 & x ſont entr'eux réciproquement comme 40 & 50,
c'eſt-à-dire *, que 40 hommes ſont à 50, comme le   * 50.
nombre x de jours employez par les 50 hommes, eſt
au nombre de jours employez par les 40. Il faut donc
arranger les termes de cette proportion de la maniere
ſuivante, 40^h. 50^h :: x^j. 25^j.

75. Les regles de trois dans leſquelles les deux derniers termes homogenes ſont entr'eux comme les deux
premiers, ſont appellées *directes* ; & celles où les deux
derniers termes homogenes ſont entr'eux réciproquement comme les deux premiers, ſont appellées
indirectes.

76. Afin de réſoudre les regles indirectes, il faut
après avoir diſpoſé les termes en proportion, comme
on vient de le faire dans le dernier exemple, multiplier les deux extrêmes l'un par l'autre ; & diviſer enſuite le produit par le moyen connu : dans l'exemple
propoſé, il faut multiplier 40 par 25 & diviſer le produit 1000 par 50, le quotient 20 eſt le terme cherché.

Voici encore un autre exemple de la regle de trois
indirecte : 150 perſonnes ont dépenſé une ſomme d'argent en 60 jours, on demande en combien de tems
100 perſonnes dépenſeront la même ſomme. Dans cet
exemple, les deux termes homogenes connus ſont 150
& 100, dont le premier eſt plus grand que le ſecond.
Ainſi afin que les deux autres termes homogenes fuſſent entr'eux comme les deux premiers, il faudroit

que 60 qui répond à 150, fût plus grand que le terme cherché x qui répond à 100. Or il eſt clair que le terme 60 n'eſt pas plus grand que x, puiſque 150 perſonnes doivent dépenſer une certaine ſomme en moins de tems que 100 perſonnes ; par conſéquent les deux nombres de jours 60 & x ne ſont pas entr'eux dire-&ement comme 150 & 100 : mais ces deux nombres 60 & x ſont entr'eux réciproquement comme 150 & 100, en ſorte que 150 perſonnes ſont à 100, comme le nombre x de jours eſt à 60 ; par conſéquent il faut arranger les termes en cette maniere , 150^p. 100^p :: x^j. 60^j. On trouvera la ſolution de cette regle, en mul-tipliant les deux extrêmes 150 & 60 l'un par l'autre, & diviſant le produit 9000 par 100 qui eſt le moyen connu.

77. Il ſuit de ce que l'on a dit ſur les regles de trois directes & indirectes , qu'après avoir arrangé les ter-mes en proportion , il faut multiplïer les deux moyens l'un par l'autre, quand les deux moyens ſont con-nus , & diviſer le produit par l'extrême connu. Au contraire, lorſque les deux extrêmes ſont connus , il faut les multiplier l'un par l'autre, & diviſer le pro-duit par le moyen connu ; & le quotient dans l'un & l'autre cas ſera le terme cherché proportionnel aux trois autres : c'eſt ce que l'on va prouver dans la dé-monſtration ſuivante , dans laquelle on ſuppoſera d'a-bord que les deux moyens & le premier extrême ſont connus.

DEMONSTRATION DE LA REGLE DE TROIS.

78. Soit les trois premiers termes a , b ; c ; en ſorte que l'on ait la proportion $a . b :: c . x$. Il s'agit de dé-montrer que la grandeur x eſt égale au produit des moyens b & c, diviſé par le premier terme a ; c'eſt-à-dire , que $x = \frac{bc}{a}$. Je le démontre ainſi : puiſque $a . b :: c . x$; donc par le premier théorême $ax = bc$;

par conféquent fi on divife chacun de ces produits égaux ax & bc par la même grandeur, les quotiens feront encore égaux ; je divife donc ces deux produits par a; on aura $\frac{ax}{a} = \frac{bc}{a}$: or $\frac{ax}{a} = x$ * donc $x = \frac{bc}{a}$.   * Liv. I. art. 166.

Si les deux extrêmes & un moyen étoient connus, comme dans la regle de trois indirecte, on auroit la proportion $a \cdot b :: x \cdot c$, d'où l'on conclurroit que $ac = bx$, & que par conféquent $\frac{ac}{b} = \frac{bx}{b}$. Or $\frac{bx}{b} = x$. Donc $\frac{ac}{b} = x$ ou $x = \frac{ac}{b}$: c'eft-à-dire, que dans ce cas le terme cherché eft égal au produit des extrêmes divifé par le moyen connu.

COROLLAIRE.

79 Il fuit de-là que toutes les fois que l'on a une fraction, dont le numérateur eft le produit de deux grandeurs, on peut toûjours faire une proportion dont le premier terme foit le dénominateur de la fraction, les deux moyens foient les grandeurs qui font les deux racines du produit qui fert de numérateur à la fraction ; enfin le quatriéme terme foit la fraction même : par exemple, on peut faire de la fraction $\frac{bc}{a}$ la proportion fuivante, $a \cdot b :: c \cdot \frac{bc}{a}$.

Cette proportion eft vraye, puifque nous venons de démontrer que le quatriéme terme proportionnel aux trois autres a, b, c, eft égal au produit des moyens b & c, divifé par le premier terme a : ce corollaire eft d'ufage dans plufieurs occafions.

80. On peut donner une autre démonftration fort fimple de la regle de trois, qui ne fuppofe pas la connoiffance du premier théorême : nous en allons faire l'aplication au premier exemple rapporté ci-deffus pour la regle de trois directe : 15 ouvriers ayant fait 20 toifes pendant un certain temps, on demande combien en feront 45 ouvriers dans le même temps : pour le trouver je confidere que fi un feul ouvrier avoit fait

20 toiſes , 45 ouvriers en feroient 45 fois 20 dans le même temps : il faudroit donc multiplier 20 par 45 , & le produit 900 exprimeroit le nombre des toiſes que feroient 45 ouvriers. Mais ce n'eſt pas un ouvrier ſeul qui a fait les 20 toiſes : il n'en a fait que la quinziéme partie , puiſqu'il y avoit 15 ouvriers qui ont tous travaillé également à ces 20 toiſes. Par conſéquent les 45 ouvriers ne feront pareillement que la quinziéme partie de 900 toiſes : il faut donc chercher la 15e partie de 900. Or pour trouver la quinziéme partie de 900 il faut diviſer ce nombre par 15. D'ailleurs 900 eſt le produit des moyens 45 & 20 ; ainſi pour trouver le quatriéme terme cherché il faut multiplier les moyens l'un par l'autre , & diviſer enſuite le produit par le premier terme.

81. La regle de trois indirecte peut ſe prouver par un raiſonnement à peu près ſemblable. 10 perſonnes ont conſommé une certaine quantité de vivres en 60 jours ; on veut ſçavoir en combien de jours 12 perſonnes feront la même conſommation. Ces quatre termes font la proportion ſuivante , 10 . 12 :: x . 60. Or pour trouver le troiſiéme terme x que l'on cherche , il faut , ſuivant la méthode expliquée ci-deſſus, multiplier les deux extrêmes 10 & 60 l'un par l'autre , & diviſer le produit 600 par le moyen connu 12 : ce qui donnera le quotient 50 qui eſt le troiſiéme terme cherché. Voici la raiſon de cette méthode : ſi un ſeul homme avoit conſommé la proviſion de vivres en 60 jours , 12 hommes feroient la même conſommation pendant la douziéme partie de 60 jours. Or pour avoir la douziéme partie de 60 jours il faut diviſer 60 par 12 ; mais comme par la ſuppoſition ce ſont 10 perſonnes qui ont épuiſé la proviſion en 60 jours , c'eſt la même choſe que ſi un ſeul homme l'avoit conſommée en 10 fois 60 jours : il ne faut donc pas ſeulement prendre la douziéme partie de 60 , mais plutôt

celle de 10 fois 60 : c'eſt-à-dire, qu'il faut multiplier 60 par 10, & diviſer le produit par 12.

82. Les regles de trois dont nous avons parlé juſqu'à préſent, ſont appellées *ſimples*, parce qu'elles ne
renferment que quatre termes : il y en a qu'on appelle
compoſées ; ce ſont celles dans leſquelles il y a plus de
quatre termes, comme dans la queſtion ſuivante : 20
hommes ont fait 12 toiſes en 8 jours : on demande
combien 40 hommes feront de toiſes en 24 jours. Nous
ne nous arrêterons pas à expliquer ces regles, parce
qu'on n'en aura pas beſoin dans la Géométrie, & que
d'ailleurs on ne les employe pas ſouvent dans l'uſage
ordinaire de la vie civile.

THÉORÊME IV.

83. *Dans une ſuite de raiſons égales la ſomme des an-*
técédens eſt à la ſomme des conſéquens, comme un ſeul an-
técedent eſt à ſon conſéquent.

Soient les raiſons égales $\frac{6}{3}=\frac{8}{4}=\frac{10}{5}=\frac{14}{7}=\frac{16}{8}$,
&c. la ſomme des antécedens $6+8+10+14+16$
$=54$ eſt à la ſomme des conſéquens $3+4+5+7$
$+8=27$, comme l'antécedent 6 eſt à ſon conſéquent
3, ou comme 8 eſt à 4, &c.

DÉMONSTRATION.

On peut concevoir l'antécedent total 54 partagé
dans les mêmes parties qui étoient ſéparées avant l'addition ; ſçavoir 6, 8, 10, 14, 16 : de même on peut
concevoir le conſéquent total 27 partagé dans les mêmes parties qui étoient auſſi ſéparées avant l'addition ;
ſçavoir, 3, 4, 5, 7, 8. Or par l'hypotheſe les antécedens particuliers qui ſont les parties de l'antécedent total, contiennent chacun autant de fois, c'eſt-
à-dire, deux fois, leurs conſéquens qui ſont les parties du conſéquent total ; ainſi l'antécedent total ou
la ſomme des antécedens contient deux fois la ſomme
des conſéquens, comme un des antécedens contient

deux fois son conséquent ; donc la somme des antécedens est à la somme des conséquens, comme un antécedent est à son conséquent.

On peut démontrer par le même raisonnement que si chacun des antécedens particuliers contient trois fois son conséquent, la somme des antécedens contiendra trois fois la somme des conséquens. Ainsi des autres cas.

AUTRE DÉMONSTRATION.

Supposons que les raisons égales soient $\frac{a}{b} = \frac{c}{d} = \frac{f}{g} = \frac{m}{n}$, il faut prouver que $a + c + f + m \,.\, b + d + g + n :: a \,.\, b$. Cette proportion est vraye si le produit des extrêmes est égal au produit des moyens. Or $ab + bc + bf + bm$ produit des extrêmes, est égal à $ab + ad + ag + an$ produit des moyens : ce que je prouve en faisant voir que chacune des parties du premier produit est égale à chaque partie du second. 1°. La partie ab du premier produit est la même que la partie ab du second ; & par conséquent ces deux parties sont égales. 2°. Les deux raisons $\frac{a}{b}$ & $\frac{c}{d}$ sont supposées égales ; donc elles forment une proportion : ainsi ad produit des extrêmes, est égal à bc produit des moyens ; donc les deux parties bc & ad sont encore égales. 3°. Les deux raisons $\frac{a}{b}$ & $\frac{f}{g}$ sont supposées egales, donc elles forment une proportion ; ainsi ag produit des extrêmes, est égal à bf produit des moyens : par conséquent les deux parties bf & ag sont encore égales. Enfin les deux raisons $\frac{a}{b}$ & $\frac{m}{n}$ sont aussi supposées égales ; donc elles forment une proportion : ainsi les deux parties bm & an sont égales : par conséquent le produit total $ab + bc + bf + bm$ est égal au produit total $ab + ad + ag + an$; d'où suit la proportion $a + c + f + m \,.\, b + d + g + n :: a \,.\, b$. Ce qu'il fal. dem.

COROLLAIRE.

84. Dans toute progreſſion géometrique la ſomme des antécedens eſt à la ſomme des conſéquens, comme un ſeul antécedent eſt à ſon conſéquent.

C'eſt une conſéquence évidente du précedent théorême, puiſqu'une progreſſion géometrique n'eſt qu'une ſuite de raiſons égales, donc chaque terme eſt conſéquent d'une raiſon & antécedent de la ſuivante, excepté le premier & le dernier, comme on l'a dit : par exemple, dans cette progreſſion $\div$ 3 . 6 . 12 . 24 . 48, &c. la ſomme des antécedens $3+6+12+24=45$, eſt à la ſomme des conſéquens $6+12+24+48=90$, comme 3 eſt à 6. De même en lettres la progreſſion $\div a . b . c . d . e . f$, &c. donne la proportion ſuivante :

$$\frac{a+b+c+d+e}{b+c+d+e+f}=\frac{a}{b}$$

THÉORÊME V.

85. *Si on multiplie les termes d'une proportion par ceux d'une autre proportion pris dans le même ordre ; c'eſt-à-dire, le premier de l'une par le premier de l'autre, le ſecond par le ſecond, le troiſiéme par le troiſiéme, le quatriéme par le quatriéme ; les produits ſeront encore en proportion.*

Soient les deux proportions, $a . b :: c . d$ & $e . f :: g . h$, ſi on multiplie les termes de la premiere par ceux de la ſeconde, les produits ae, bf, cg, dh, ſont encore en proportion ; en ſorte que $ae . bf :: cg . dh$. Pour le faire voir, il n'y a qu'à démontrer * que le produit des extrêmes $aedh$ ou $adeh$ eſt égal au produit des moyens $bfcg$ ou $bcfg$; il s'agit donc de prouver que $adeh = bcfg$.   * 42.

DEMONSTRATION.

Par l'hypotheſe $a . b :: c . d$; donc $ad = bc$: de même à cauſe de l'autre proportion, $e . f :: g . h$, on a encore l'égalité $eh = fg$; par conséquent les deux grandeurs égales ad & bc étant multipliées l'une par eh & l'autre par fg, les deux produits $adeh$ & $bcfg$ seront encore égaux. Ce qu'il falloit démontrer.

On peut démontrer par la même méthode que si on multiplie les termes de plusieurs proportions, par exemple de trois, les uns par les autres pris dans le même ordre, les produits seront encore proportionnels.

COROLLAIRE.

86. Si on a la proportion $a \,.\, b :: c \,.\, d$, les quarrez de ces grandeurs sont encore en proportion : c'est-à-dire, que $a^2 \,.\, b^2 :: c^2 \,.\, d^2$. C'est une suite évidente de ce théorême; puisque les termes de cette seconde proportion sont les produits des termes de la premiere, multipliez par ceux de la même proportion. De même si on multiplie les termes de la proportion $a^2 \,.\, b^2 :: c^2 \,.\, d^2$ par ceux de la premiere $a \,.\, b :: c \,.\, d$, on aura cette autre proportion $a^3 \,.\, b^3 :: c^3 \,.\, d^3$: & si on multiplioit encore les termes de cette derniere par ceux de la premiere, on auroit $a^4 \,.\, b^4 :: c^4 \,.\, d^4$, & ainsi de suite ; en sorte que l'on peut dire en général que si ces quatre grandeurs sont proportionnelles, les puissances semblables de ces grandeurs sont aussi proportionnelles : c'est-à-dire, que si $a \,.\, b :: c \,.\, d$, on aura aussi la proportion $a^m \,.\, b^m :: c^m \,.\, d^m$: a^m signifie que a est élevé à une puissance marquée par la lettre m qui peut représenter $2, 3, 4, 5,$ & tous les nombres possibles : il en est de même de $b^m, c^m,$ & d^m.

87. La proposition réciproque de ce corollaire est encore vraye ; c'est-à-dire, que si les puissances semblables de quatre grandeurs sont proportionnelles, les grandeurs elles-mêmes qui sont les racines semblables de ces puissances, sont aussi proportionnelles : par exemple, si $a^3 \,.\, b^3 :: c^3 \,.\, d^3$, on aura aussi la proportion $a \,.\, b :: c \,.\, d$: car ayant la proportion $a^3 \,.\, b^3 :: c^3 \,.\, d^3$, on en conclut l'égalité $a^3 d^3 = b^3 c^3$. Or ces deux produits $a^3 d^3$ & $b^3 c^3$ étant égaux, leurs racines sembla-

bles *ad* & *bc* font égales ; par conféquent $a.b :: c.d$ * ⸪ * 42.

88. Remarquez que dans le corollaire précedent nous n'avons pas dit que deux puiffances femblables font proportionnelles à leurs racines : ce qui feroit faux : par exemple, il n'eft pas vrai que $a^2.b^2 :: a.b$: cela paroît évidemment dans les nombres : car fi on prend 36 & 4 , qui font les quarrez de 6 & de 2 , il eft clair que 36 n'eft pas à 4 comme 6 eft à 2.

Nous avons prouvé * que le produit du quotient *Liv. **I.** Art. 163. multiplié par le divifeur eft égal au dividende ; ainfi *m* étant fuppofé le quotient de *a* divifé par *b* , le produit *bm* eft égal à l'antécedent *a* qui eft le dividende ; par conféquent fi $\frac{a}{b} = m$, on peut en conclurre que $a = bm$. De même fi $\frac{c}{d} = n$, il s'enfuit que $c = dn$.

THÉORÊME VI.

89. *Si on multiplie les termes de deux raifons l'un par l'autre ; l'antécedent par l'antécedent, & le conféquent par le conféquent, la raifon qui fe trouvera entre le produit des antécedens & celui des conféquens, fera le produit des deux raifons.*

Soient les deux raifons $\frac{15}{3}$ & $\frac{8}{4}$ dont on multiplie les antécedens l'un par l'autre, de même que les conféquens ; le produit des antécedens eft 120 , celui des conféquens eft 12 : la raifon de ces deux produits eft $\frac{120}{12}$ dont la valeur eft 10 * : je dis que 10 eft le produit * 25. des valeurs des deux premieres raifons : car $\frac{15}{3} = 5$ & $\frac{8}{4} = 2$: or 10 eft le produit de 5 par 2 ; cette raifon $\frac{120}{12}$ eft donc le produit des deux premieres $\frac{15}{3}$ & $\frac{8}{4}$. En général le produit des deux raifons $\frac{a}{b}$ & $\frac{c}{d}$ eft $\frac{ac}{bd}$.

DÉMONSTRATION.

Soit $\frac{a}{b} = m$ & $\frac{c}{d} = n$; donc $a = bm$ & $c = dn$; par conféquent en multipliant les deux grandeurs égales *a* & *bm* l'une par *c*, & l'autre par *dn* qui font deux autres quantitez égales, les produits ac & $bmdn$ ou $bdmn$ feront encore égaux ; on aura donc $ac = bdmn$, & en divifant l'un & l'autre produit par bd, on aura $\frac{ac}{bd} = \frac{bdmn}{bd}$: mais $\frac{bdmn}{bd} = mn$ * ; donc $\frac{ac}{bd} = mn$. Or mn eft le produit des valeurs des raifons $\frac{a}{b}$ & $\frac{c}{d}$; par conféquent $\frac{ac}{bd}$ eft le produit des raifons $\frac{a}{b}$ & $\frac{c}{d}$. Ce qu'il fal. dem.

*Liv.1. art.166.

COROLLAIRE.

90. S'il y avoit plus de deux raifons, on prouveroit de la même maniere qu'en multipliant tous les antécedens les uns par les autres, & les conféquens auffi, la raifon qu'il y auroit entre le produit des antécedens & celui des conféquens feroit le produit des raifons : par exemple, foient les trois raifons $\frac{a}{b}$, $\frac{c}{d}$, $\frac{f}{g}$: je dis que la raifon $\frac{acf}{bdg}$ eft le produit des trois premieres : car on vient de faire voir que la raifon $\frac{ac}{bd}$ eft le produit des deux $\frac{a}{b}$ & $\frac{c}{d}$. Donc pareillement $\frac{acf}{bdg}$ eft auffi le produit des deux raifons $\frac{ac}{bd}$ & $\frac{f}{g}$.

91. On peut remarquer que quand les antécedens des raifons qu'on multiplie font plus petits que les conféquens, le produit qui vient de la multiplication eft plus petit que les raifons qu'on a multipliées : par exemple, fi on multiplie les raifons $\frac{2}{6}$ & $\frac{5}{10}$, le produit $\frac{10}{60}$ eft une raifon plus petite que $\frac{2}{6}$, puifque l'antécedent 10 du produit n'eft que la fixiéme partie de fon conféquent 60, au lieu que l'antécedent 2 eft le tiers de fon conféquent 6. On pourra voir la raifon de cette remarque dans le Traité des Fractions.

DES RAISONS COMPOSE'ES.

92. Une *raifon compofée* eft le produit de deux ou de plufieurs raifons : par exemple, $\frac{ac}{bd}$ eft la raifon compofée des raifons $\frac{a}{b}$ & $\frac{c}{d}$: de même $\frac{acf}{bdg}$ eft un rapport compofé des trois raifons $\frac{a}{b}$, $\frac{c}{d}$, $\frac{f}{g}$.

93. Les rapports de la multiplication desquels résulte la raison composée, s'appellent *raisons composantes* ou *simples*: ainsi dans le premier exemple qu'on
vient d'apporter, $\frac{a}{b}$ & $\frac{c}{d}$ sont les raisons composantes de
$\frac{ac}{bd}$, & de même dans le second exemple, $\frac{a}{b}$, $\frac{c}{d}$, $\frac{f}{g}$
sont les raisons composantes de $\frac{acf}{bdg}$.

94. Lorsqu'il n'y a que deux raisons composantes &
qu'elles sont égales, la raison composée est appellée
doublée: par exemple, si $\frac{a}{b}=\frac{c}{d}$, la raison composée
$\frac{ac}{bd}$ est doublée. En nombres, les raisons $\frac{12}{3}$ & $\frac{8}{2}$ étant
égales, la raison composée $\frac{96}{6}$ est doublée.

95. Lorsqu'il y a trois raisons composantes, &
qu'elles sont égales, la raison composée est ap-
pellée *triplée*: par exemple, si $\frac{a}{b}=\frac{c}{d}=\frac{f}{g}$, la raison
composée $\frac{acf}{bdg}$ est triplée: de même la raison $\frac{30}{240}$ est
triplée des trois raisons égales $\frac{2}{4}$, $\frac{3}{6}$, $\frac{5}{10}$.

96. Afin qu'une raison soit doublée, il n'est pas nécessaire que les raisons composantes soient exprimées
par des termes differens, comme dans les deux exemples précedens, elles peuvent être la même raison exprimée par les mêmes termes: par exemple, la raison
$\frac{36}{4}$ est doublée des raisons $\frac{6}{2}$ & $\frac{6}{2}$: la raison $\frac{9}{25}$ est doublée des rapports $\frac{3}{5}$ & $\frac{3}{5}$. En lettres, la raison $\frac{aa}{bb}$ est
doublée des rapports $\frac{a}{b}$ & $\frac{a}{b}$.

97. De même une raison triplée peut être composée
de trois raisons égales qui ne soient que la même
raison exprimée par les mêmes termes: par exemple,
la raison $\frac{8}{64}$ est triplée des rapports $\frac{2}{4}$, $\frac{2}{4}$ & $\frac{2}{4}$. La raison
$\frac{1}{27}$ est triplée des trois raisons $\frac{1}{3}$, $\frac{1}{3}$ & $\frac{1}{3}$. En lettres, $\frac{aaa}{bbb}$
est un rapport triplé de ces trois $\frac{a}{b}$, $\frac{a}{b}$ & $\frac{a}{b}$.

98. Au lieu de dire que la raison $\frac{36}{4}$ est doublée des
raisons $\frac{6}{2}$ & $\frac{6}{2}$, on dit le plus souvent que cette raison
$\frac{36}{4}$ est doublée de la raison $\frac{6}{2}$: ce qui doit s'entendre

en multipliant l'antécédent 6 par lui-même, & le conséquent 2 auffi par lui-même, ou, ce qui revient au même, en prenant le quarré de 6 & celui de 2 ; ce qui fait la raifon doublée $\frac{36}{4}$. C'eft la même chofe pour les autres exemples : la raifon $\frac{9}{25}$ eft dite doublée de celle de $\frac{3}{5}$, & enfin $\frac{aa}{bb}$ eft un rapport doublé de $\frac{a}{b}$.

99. On s'explique de la même maniere, quand il s'agit de la raifon triplée : par exemple, on dit que la raifon $\frac{8}{64}$ eft triplée de la raifon $\frac{2}{4}$: celle de $\frac{1}{27}$ eft triplée de $\frac{1}{3}$, & celle de $\frac{aaa}{bbb}$ eft triplée de $\frac{a}{b}$. On voit bien que ces raifons triplées fe trouvent en prenant le cube de l'antécedent & le cube du conféquent de la raifon dont elles font triplées : telle eft la raifon $\frac{8}{64}$ que l'on trouve en prenant les cubes de l'antécedent & du conféquent de la raifon $\frac{2}{4}$.

100. On peut voir après ce que nous venons de dire, que la raifon doublée d'une raifon eft le quarré de la raifon dont elle eft doublée : par exemple, la raifon doublée de $\frac{6}{2}$ eft $\frac{36}{4}$ qui eft le quarré de $\frac{6}{2}$, puifque pour avoir cette raifon doublée $\frac{36}{4}$, il faut multiplier le rapport $\frac{6}{2}$, par lui-même, d'où il fuit que fi le rapport $\frac{6}{2}$ eft égal à p, la raifon doublée $\frac{36}{4} = pp$, parce que les grandeurs $\frac{6}{2}$ & p étant égales, leurs quarrez $\frac{36}{4}$ & pp doivent être égaux.

101. Par la même raifon le rapport triplé eft le cube de celui dont il eft triplé : par exemple, $\frac{8}{64}$ eft le cube de $\frac{2}{4}$, puifque pour avoir $\frac{8}{64}$, il faut multiplier d'abord $\frac{2}{4}$ par $\frac{2}{4}$; ce qui donne le quarré $\frac{4}{16}$ qu'il faut encore multiplier par $\frac{2}{4}$, & on aura enfin $\frac{8}{64}$ cube de $\frac{2}{4}$. Il fuit auffi de-là que fi $\frac{2}{4} = p$, on aura $\frac{8}{64} = ppp$, parce que les deux grandeurs $\frac{2}{4}$ & p étant égales, leurs cubes doivent être égaux.

102. Il y a beaucoup de difference entre une raiſon double & une raiſon doublée, & entre une raiſon triple & une raiſon triplée:une raiſon.eſt appellée *double*, lorſque l'antécedent eſt double du conſéquent : ainſi le rapport de 10 à 5 eſt une raiſon doublé. La raiſon eſt appellée *triple*, lorſque l'antécedent eſt triple du conſéquent : ainſi le rapport de 15 à 5 eſt une raiſon triple ; au contraire la raiſon eſt appellée *ſou-double*, quand l'antécedent eſt la moitié du conſéquent ; & *ſou-triple*, quand l'antécedent eſt le tiers du conſéquent.

On tire de ces notions de la raiſon doublée & triplée une propoſition de grand uſage dans les Mathématiques ; nous allons en faire le théorême ſuivant.

T h é o r ê m e V I I.

103. *La raiſon qui eſt entre deux quarrez eſt doublée de celle qui eſt entre les racines : la raiſon qui eſt entre les cubes eſt triplée de celle des racines.*

Souvent on énonce ce théorême autrement en diſant que les quarrez ſont en raiſon doublée des racines, & que les cubes ſont en raiſon triplée des racines. Les deux parties de ce théorême ſont des ſuites ſi évidentes des notions qu'on vient de donner des raiſons doublées & triplées, qu'il ſuffira de les expliquer en peu de mots, en apportant des exemples de l'une & de l'autre partie.

D e m o n s t r a t i o n.

I. Partie. 64 eſt quarré de 8, & 9 eſt quarré de 3. Or la raiſon de ces deux quarrez qui eſt $\frac{64}{9}$ eſt doublée de celle des racines 8 & 3, puiſque pour avoir la raiſon doublée de $\frac{8}{3}$, il ſuffit de prendre le quarré de l'antécedent & celui du conſéquent. Pareillement 1 eſt le quarré de 1, & 25 eſt le quarré de 5 : or la raiſon $\frac{1}{25}$ eſt doublée de $\frac{1}{5}$ qui eſt le rapport des racines. En lettres, la raison $\frac{aa}{bb}$ est doublée de $\frac{a}{b}$ qui est le rapport des racines a & b.

II. PARTIE. 8 est le cube de 2, & 64 est le cube de 4. Or la raison de ces deux cubes qui est $\frac{8}{64}$ est triplée de $\frac{2}{4}$ qui est le rapport des racines 2 & 4. De même la raison $\frac{1}{125}$ est triplée de $\frac{1}{5}$ qui est la raison des racines. En lettres, aaa est le cube de a, & bbb est le cube de b : or la raison de ces cubes, qui est $\frac{aaa}{bbb}$ est triplée de $\frac{a}{b}$ qui est celle des racines. Ce qu'il fal. dem.

Ce que nous avons dit sur les raisons doublées & triplées étant assez difficile, & en même-tems d'une grande conséquence, sur-tout pour la Géometrie, il ne sera pas inutile d'en répeter la substance, soit pour le mieux comprendre, soit pour le mieux retenir.

104. Une raison doublée est le produit de deux raisons égales : par exemple, si $\frac{a}{b}=\frac{c}{d}$ leur produit $\frac{ac}{bd}$ est une raison doublée des deux raisons composantes égales $\frac{a}{b}$ & $\frac{c}{d}$. Mais s'il n'y a qu'une raison composante, pour lors le rapport qui en est doublé est le produit de cette raison multipliée par elle-même; ainsi le rapport doublé de $\frac{a}{b}$ est $\frac{aa}{bb}$ qui n'est autre chose que le produit de la raison $\frac{a}{b}$ multipliée par elle-même.

105. Les deux raisons $\frac{a}{b}$ & $\frac{c}{d}$ étant égales si $\frac{a}{b}=p$, on aura aussi $\frac{c}{d}=p$: par conséquent le rapport doublé $\frac{ac}{bd}$ qui est le produit des deux raisons $\frac{a}{b}$ & $\frac{c}{d}$ est égal à pp produit des deux valeurs ; ainsi si p signifie 4, la valeur du rapport doublé $\frac{ac}{bd}$ sera 16 ; c'est-à-dire, que ac contiendra 16 fois ou sera 16 fois plus grand que bd. On voit donc que lorsqu'un nombre marque la raison de deux grandeurs, le quarré de ce nombre exprime le rapport doublé de cette raison : c'est pourquoi 3 étant la valeur de la raison $\frac{6}{2}$, 9 quarré de 3 exprime le rapport des

deux

deux nombres 90 & 10 qui sont en raison doublée de 6 à 2. Je dis que la raison $\frac{90}{10}$ est doublée de $\frac{6}{2}$, parce que ce rapport $\frac{90}{10}$ est le produit des deux raisons égales $\frac{6}{2}$ & $\frac{15}{5}$:

106. Il suit de-là que les quarrez étant entr'eux en raison doublée des racines, si une des racines contient 5 fois l'autre, le quarré de la premiere contiendra 25 fois, ou sera 25 fois plus grand que le quarré de la seconde ; si une des racines étoit 8 fois plus grande que l'autre, le quarré de la premiere seroit 64 fois (64 est le quarré de 8) plus grand que le quarré de la seconde, &c.

107. Il faut raisonner de même à proportion touchant la raison triplée, qui n'est autre chose que le produit de trois raisons égales : soient donc les trois raisons égales $\frac{a}{b}$, $\frac{c}{d}$, $\frac{e}{f}$, le rapport triplé est $\frac{ace}{bdf}$. S'il n'y a qu'une seule raison composante ; pour en avoir le rapport triplé, il faut d'abord prendre le rapport doublé qui étant multiplié par la raison composante, donne au produit le rapport triplé ; ainsi pour avoir le rapport triplé de $\frac{a}{b}$, il faut multiplier $\frac{a}{b}$ par $\frac{a}{b}$, & le produit $\frac{aa}{bb}$ est la raison doublée de $\frac{a}{b}$: ce produit $\frac{aa}{bb}$ étant encore multiplié par $\frac{a}{b}$ on aura $\frac{aaa}{bbb}$ qui est la raison triplée de $\frac{a}{b}$.

109. Puisque les trois raisons $\frac{a}{b}$, $\frac{c}{d}$, $\frac{e}{f}$ sont supposées égales, si $\frac{a}{b}=p$, on aura aussi $\frac{c}{d}=p$ & $\frac{e}{f}=p$; & par conséquent le rapport triplé $\frac{ace}{bdf}$ qui est le produit de ces trois raisons, est égal à ppp ou p^3 produit de leurs valeurs ; c'est-à-dire que p étant la valeur d'une raison composante, le cube de p qui est p^3 est la valeur de la raison triplée ; si on suppose donc que $p=4$, la valeur de la raison triplée sera 64, ou, ce qui est la même chose, l'antécedent de cette raison contiendra

64 fois , ou fera 64 fois plus grand que fon conféquent ; & en général fi un nombre exprime combien l'antécedent d'une raifon contient fon conféquent, le cube de ce nombre marque combien l'antécedent de la raifon triplée contient fon conféquent ; d'où il faut conclurre que les cubes étant en raifon triplée de leurs racines ; fi une des racines eft, par exemple, 5 fois plus grande que l'autre, le cube de la premiere eft 125 fois (125 eft le cube de 5) plus grand que le cube de la feconde.

110. On voit bien que fi la valeur d'une raifon étoit exprimée par une fraction , le rapport doublé feroit égal au quarré de cette fraction , & le rapport triplé feroit égal au cube de la fraction : foit , par exemple, la raifon $\frac{8}{12}$ qui eft égale à la fraction $\frac{2}{3}$, puifque 8 contient les deux tiers de 12 , le rapport $\frac{64}{144}$ qui eft doublé de la raifon $\frac{8}{12}$, eft égal à $\frac{4}{9}$ quarré de la fraction $\frac{2}{3}$, & le rapport $\frac{512}{1728}$ qui eft triplé de $\frac{8}{12}$ eft égal à $\frac{8}{27}$ cube de $\frac{2}{3}$.

111. Nous avons fuppofé que $\frac{4}{9}$ eft le quarré de la fraction $\frac{2}{3}$, & que $\frac{8}{27}$ en eft le cube , parce que pour avoir le quarré d'une fraction, il faut prendre le quarré du numérateur & celui du dénominateur ; & pour en avoir le cube, il faut élever le numérateur & le dénominateur chacun à fon cube, comme nous le prouverons dans le Traité des Fractions.

112. Les raifons compofantes des raifons doublées font appellées *fou doublées*, & celles des raifons triplées font appellées *fou-triplees*, ainfi fi $\frac{ac}{bd}$ eft une raifon doublée , les deux raifons compofantes égales $\frac{a}{b}$, $\frac{c}{d}$ font chacune fou-doublées de $\frac{ac}{bd}$: le rapport $\frac{a}{b}$ eft auffi fou doublé de $\frac{aa}{bb}$. De même les trois raifons égales $\frac{a}{b}$, $\frac{c}{d}$, $\frac{e}{f}$ font chacune fou-triplées de $\frac{ace}{bdf}$, & la raifon $\frac{a}{b}$ eft auffi

fou-triplée de $\frac{aaa}{bbb}$. Au lieu de s'énoncer comme on a
fait en rapportant les exemples ci-deſſus , on dit ordinairement que *a* & *b* ſont en raiſon ſou-doublée de *ac*
à *bd* , ou de *aa* à *bb* & qu'ils ſont en raiſon ſou-triplée
de *ace* à *bdf* ou de *aaa* à *bbb*.

THEORÊME VIII.

113 *Dans toute progreſſion géometrique le quarré du
premier terme eſt au quarré du ſecond , comme le premier eſt
au troiſiéme : & le cube du premier terme eſt au cube du ſecond , comme le premier eſt au quatriéme.*

Soit la progreſſion géometrique ∷ 2 . 6 . 18 . 54 ,
&c. 2 eſt le premier terme , & ſon quarré eſt 4 ; 6 eſt
le ſecond terme , & ſon quarré eſt 36 : je dis qu'on a
la proportion 4 . 36 :: 2 . 18 : & pour les cubes, 8 étant
le cube du premier terme 2 , & 216 celui du ſecond
terme 6 ; on a encore la proportion 8 . 216 :: 2 . 54. En
général ſi on a la progreſſion ∷ *a* . *b* . *c* . *d* . *f* . *g* ,
&c. on aura *aa* . *bb* :: *a* . *c* : on aura auſſi *aaa* . *bbb* :: *a* . *d*.

DEMONSTRATION.

I. PARTIE. Afin que la proportion *aa* . *bb* :: *a* . *c* ſoit
vraye , il ſuffit que le produit des extrêmes (*aac*) ſoit
égal au produit des moyens (*abb*.) Or je dis que *aac*
égale *abb* : car à cauſe de la progreſſion ∷ *a*.*b*.*c*.*d*.*f*.*g* ,
&c. Il faut que *a*.*b* :: *b*.*c* ; donc *ac* ═ *bb* ; par conſéquent
ſi on multiplie ces deux grandeurs égales *ac* & *bb* par *a*,
les produits *aac* & *abb* ſeront encore égaux. Ce qu'il
falloit démontrer.

II. PARTIE. Pour démontrer cette proportion
$a^3 . b^3 :: a . d$, il n'y a qu'à faire voir que le produit des
extrêmes ($a^3 d$) eſt égal au produit des moyens (ab^3).
Or je dis que $a^3 d$ égale ab^3 : car à cauſe de la progreſ-
ſion ∷ *a* . *b* . *c* . *d* . *f* . *g* , il faut que *a* . *b* :: *c* . *d* ; donc
ad ═ *bc*. D'ailleurs on vient de prouver dans la pre-
miere partie que *aac* ═ *abb* ; par conſéquent ſi on mul-

tiplie ces deux grandeurs égales, la premiere par ad,
& la feconde par bc, les produits a^3cd & ab^3c feront
auffi égaux : & fi on divife ces deux derniers produits
par c, les quotiens a^3d & ab^3 feront encore égaux.
Ce qu'il falloit démontrer.

C O R O L L A I R E.

114. Il fuit de ce Theorême que la raifon qui eft entre le premier & le troifiéme terme d'une progreffion
géometrique eft doublée de celle qui eft entre le premier & le fecond : ainfi dans l'exemple propofé du
theorême précedent, la raifon $\frac{a}{c}$ eft doublée de $\frac{a}{b}$;
en voici la démonftration : $\frac{a}{c} = \frac{aa}{bb}$, c'eft-à-dire que
la raifon du premier au troifiéme terme eft égale à
celle du quarré du premier terme au quarré du fecond,
comme on vient de le démontrer dans la premiere partie de ce theorême. Or la feconde de ces raifons, qui eft
$\frac{aa}{bb}$ eft doublée de $\frac{a}{b}$, parce que la raifon qui eft entre
les quarrez eft doublée de celle qui eft entre les raci-
nes ; donc la raifon $\frac{a}{c}$ égale à $\frac{aa}{bb}$ eft auffi doublée de $\frac{a}{b}$.

Au lieu de dire que la raifon du premier terme au
troifiéme eft doublée de celle du premier au fecond,
on s'exprime fouvent autrement, en difant que le premier & le troifiéme terme d'une progreffion font entr'eux en raifon doublée du premier au fecond.

115. De même la raifon du premier au quatriéme
terme eft triplée de celle du premier au fecond : car
par la feconde partie du theorême précedent,

$\frac{a}{d} = \frac{a^3}{b^3}$. Or la raifon $\frac{a^3}{b^3}$ eft triplée de $\frac{a}{b}$ parce que les

* 103. cubes font en raifon triplée des racines * : donc le rap-

port $\frac{a}{d}$ égal à $\frac{a^3}{b^3}$ eft auffi triplé de $\frac{a}{b}$; c'eft-à-dire, que

la raifon du premier au quatriéme terme eft triplée de

celle du premier au second, ou bien le premier & le quatriéme terme sont entr'eux en raison triplée du premier au second.

116. On démontreroit comme dans le theorême précedent, que le quarré du second terme est au quarré du troisiéme, comme le second est au quatriéme, & que le cube du second est au cube du troisiéme, comme le second est au cinquiéme; & de même du troisiéme & du quatriéme. En général dans une progression géometrique le quarré d'un terme quelconque que nous appellerons m, est au quarré de celui qui le suit immédiatement, comme le terme m est au troisiéme depuis m inclusivement, & de même le cube du terme m est au cube du terme suivant, comme ce terme m est au quatriéme depuis m inclusivement.

Il nous reste à parler d'une propriété de la raison géometrique qui regarde les incommensurables : pour cela nous allons donner les définitions suivantes.

117. Les *exposans* d'une raison sont les plus petits termes qui ont entr'eux un rapport égal à la raison dont ils sont les exposans : par exemple, les exposans de la raison de 3 à 6 sont 1 & 2, parce que 1 & 2 sont les plus petits nombres qui ayent entr'eux la même raison que 3 & 6. Les exposans de la raison $\frac{4}{10}$ sont 2 & 5, parce que 2 & 5 sont les plus petits nombres qui ayent entr'eux le même rapport que 4 & 10. En lettres : la raison $\frac{ad}{bd}$ a pour exposans a & b, parce que le rapport $\frac{a}{b}$ est égal à $\frac{ad}{bd}$ * , & d'ailleurs a & b * 18. sont les plus petits termes ausquels on puisse réduire la raison $\frac{ad}{bd}$.

118. La raison qui est entre les exposans est appellée *moindre rapport* ; ainsi la raison $\frac{1}{2}$ est le moindre rapport de $\frac{3}{6}$; de même $\frac{2}{5}$ est le moindre rapport de $\frac{4}{10}$. Enfin $\frac{a}{b}$ est le moindre rapport de $\frac{ad}{bd}$. On pourroit

dire auſſi que $\frac{1}{2}$ eſt la raiſon $\frac{3}{6}$ réduite à ſes plus petits termes ; ainſi des autres exemples.

119. La raiſon $\frac{5}{7}$ n'a point d'autres expoſans que 5 & 7, puiſqu'ils ſont les plus petits nombres qui ayent entr'eux une raiſon égale à $\frac{5}{7}$; ainſi $\frac{5}{7}$ eſt un moindre rapport ; il y a donc des raiſons qui peuvent ſe réduire à de plus petits termes, telles que $\frac{3}{6}$ & $\frac{4}{10}$, & d'autres qui ne peuvent être réduites à de plus petits termes, comme $\frac{5}{7}$.

120. Il y a une regle pour diſtinguer les unes des autres, la voici : lorſqu'on peut diviſer l'antécedent & le conſéquent d'une raiſon par un diviſeur commun different de l'unité, cette raiſon peut être réduite à de plus petits termes : par exemple, la raiſon $\frac{12}{8}$ peut être réduite à de plus petits termes, parce que 12 & 8 peuvent être diviſez l'un & l'autre par 4 : cette diviſion étant faite, on trouve les quotiens 3 & 2 qui ſont en même raiſon que 12 & 8 *.

* 19.

121. Mais ſi les deux termes d'une raiſon n'ont point d'autre diviſeur commun que l'unité, pour lors la raiſon ne peut ſe réduire à de plus petits termes : par exemple, la raiſon $\frac{8}{9}$ ne peut être réduite, parce que 8 & 9 n'ont d'autre diviſeur commun que l'unité.

122. Les nombres qui n'ont point d'autre diviſeur commun que l'unité, ſont appellez *premiers entr'eux* : ainſi 8 & 9 ſont premiers entr'eux.

123. Il ſuit de-là que les expoſans d'une raiſon ſont premiers entr'eux ; & réciproquement, les nombres premiers entr'eux ſont des expoſans, puiſque n'ayant point de diviſeur commun autre que l'unité, la raiſon de ces nombres ne peut être réduite à de plus petits termes ; par exemple, 8 & 9 étant premiers entr'eux ſont néceſſairement les expoſans de toute raiſon égale à celle de 8 à 9.

124. Nous avons dit qu'il y avoit des raiſons de nombre à nombre, & des raiſons qui ne ſont pas de nombre à nombre qu'on appelle *ſourdes* ou *rapports incommenſurables.* La raiſon de nombre à nombre eſt celle qui peut s'exprimer par des nombres : telle eſt la raiſon d'une ligne d'un pied à une ligne de trois pieds, qui peut être exprimée par $\frac{1}{3}$. La raiſon ſourde eſt celle qu'on ne peut exprimer par des nombres. On démontre en Géometrie que la raiſon qui eſt entre la diagonale & le côté d'un quarré eſt ſourde ; en ſorte qu'il n'y a point de nombres tels qu'ils ſoient, qui ayent entr'eux le même rapport que ces deux lignes. La démonſtration de cette propoſition touchant la diagonale & le côté du quarré ſuppoſe pluſieurs autres propoſitions que nous allons expoſer en peu de mots.

125. Deux raiſons égales ont les mêmes expoſans : par exemple, les deux raiſons $\frac{10}{15}$ & $\frac{6}{9}$ étant égales, ſi 2 & 3 ſont les expoſans de $\frac{10}{15}$, ils le ſont auſſi de $\frac{6}{9}$: car ſi $\frac{6}{9}$ avoit pour expoſans de plus petits nombres que 2 & 3, la raiſon de ces moindres nombres ſeroit égale à celle de $\frac{6}{9}$ dont ils ſeroient les expoſans ; & par conſéquent la raiſon de ces expoſans ſeroit auſſi égale à celle de $\frac{10}{15}$; donc 2 & 3 ne ſeroient pas les expoſans de $\frac{10}{15}$: ce qui eſt contre la ſuppoſition.

126. Toute raiſon doublée de raiſons de nombre à nombre a pour expoſans des nombres quarrez : ſoit, par exemple, la raiſon $\frac{12}{48}$ qui eſt doublée des raiſons égales $\frac{3}{6}$ & $\frac{4}{8}$; je dis que cete raiſon doublée a néceſſairement pour expoſans des nombres quarrez : car les deux raiſons ſimples $\frac{3}{6}$ & $\frac{4}{8}$ dont le rapport $\frac{12}{48}$ eſt doublé, ſont égales par l'hypotheſe ; donc elles ont les mêmes expoſans ; ainſi 1 & 2 étant les expoſans de $\frac{3}{6}$, ils ſont auſſi les expoſans de $\frac{4}{8}$. Cela

poſé, les deux raiſons $\frac{3}{6}$ & $\frac{4}{8}$ ſont égales à ces deux $\frac{1}{2}$ & $\frac{1}{2}$; par conſéquent le produit des deux premieres qui eſt $\frac{12}{48}$ eſt égal au produit des deux dernieres, qui eſt $\frac{1}{4}$: d'ailleurs il eſt clair que 1 & 4 ſont premiers en-tr'eux ; par conſéquent 1 & 4 ſont les expoſans de la raiſon doublée $\frac{12}{48}$. Or ces deux nombres 1 & 4 ſont des quarrez, puiſque le premier eſt le produit des deux antécedens égaux 1 & 1, & le ſecond eſt le produit des deux conſéquens égaux 2 & 2; donc la raiſon doublée $\frac{12}{48}$ a pour expoſans des nombres quarrez.

Afin de démontrer cette propoſition ſur les raiſons doublées d'une maniere générale, il faudroit prouver que lorſque deux nombres ſont premiers entr'eux, leurs quarrez ſont auſſi premiers entr'eux ; par exem-ple, que 1 & 2 étant premiers entr'eux, il s'enſuit que les quarrez 1 & 4 le ſont auſſi : mais comme cela de-mande une ſuite de pluſieurs démonſtrations aſſez dif-ficiles, nous ne pouvons les déduire dans cet abregé.

COROLLAIRE.

127. Il ſuit de-là qu'une raiſon doublée qui n'a pas pour expoſans des nombres quarrez, n'eſt pas raiſon doublée de raiſons de nombre à nombre ; c'eſt-à-dire, que les raiſons dont elle eſt doublée ne ſont pas de nombre à nombre : car la raiſon doublée auroit pour expoſans des nombres quarrez, ſi les raiſons dont elle eſt doublée, étoient de nombre à nombre, comme on vient de le faire voir.

128. Il faut donc bien prendre garde que la raiſon doublée qui n'a pas pour expoſans des nombres quar-rez, peut être de nombre à nombre : mais celles dont elle eſt doublée ne peuvent être de nombre à nombre : ſuppoſez que la raiſon $\frac{ac}{b}$ ſoit une raiſon doublée qui n'ait pas pour expoſans des nombres quarrez, les rai-ſons compoſantes $\frac{a}{b}$ & $\frac{c}{d}$ ne ſont pas de nombre à nom-

bre ; mais la raison $\frac{ac}{bd}$ peut être de nombre à nombre :
par exemple, *ac* peut être à *bd*, comme 1 est à 2 : ces
deux nombres 1 & 2 ne sont pas tous les deux quarrez ; il n'y a que 1 qui soit quarré : mais 2 n'est pas un
quarré.

Nous allons placer ici une remarque sur les racines
incommensurables, que nous n'avons pû mettre dans
le traité de l'Extraction des Racines, parce que la
preuve dépend des Proportions.

REMARQUE.

129. Quoique les racines des nombres qui ne sont
pas des puissances parfaites, soient incommensurables
par rapport à l'unité & aux nombres entiers ou fractionnaires formez de l'unité, elles peuvent être
commensurables entre elles : par exemple : $5\sqrt{2}$ &
$3\sqrt{2}$ qui sont les racines quarrées de 50 & de 18 * ,   * Liv.I.
son commensurables entre elles ; c'est-à-dire, qu'el-   art.223.
les sont comme nombre à nombre : car les deux racines
$5\sqrt{2}$ & $3\sqrt{2}$ sont les produits des nombres 5 & 3
multipliez par la même grandeur $\sqrt{2}$; donc elles sont
entre elles comme 5 à 3.* : elles sont donc comme *18.
nombre à nombre, ou ce qui revient au même, elles
sont commensurables entre elles.

Après avoir parlé assez au long des raisons & des
proportions géométriques, il est à propos de démontrer la principale propriété de la proportion arithmétique, dont nous allons faire le théorême suivant.

THE'OREME FONDAMENTAL.
De la proportion arithmétique.

130. *Dans une proportion arithmétique la somme des
extrêmes est égale à la somme des moyens.*

Soit la proportion arithmétique 5.8 : 9.12 je dis que
la somme des extrêmes 5+12 est égale à la somme des
moyens 8+9.

D É M O N S T R A T I O N.

Confiderez que fi le premier extrême 5 eft furpaffé de 3 par le premier moyen 8, auffi le fecond extrême 12 furpaffe néceffairement le fecond moyen 9 de la même quantité 3 ; autrement il n'y auroit pas de proportion arithmétique ; donc le défaut du premier extrême eft compenfé par l'excès du fecond ; c'eft pourquoi la fomme des extrêmes 5 + 12 doit être égale à la fomme des moyens 8 + 9.

Il eft évident que le même raifonnement peut être appliqué à tout autre exemple de proportion arithmétique dont les conféquens furpafferoient également les antécedens. Ce feroit auffi la même chofe, fi les antécedens furpaffoient également les conféquens ; car pour lors l'excès du premier extrême compenferoit le défaut de l'autre.

A U T R E   D É M O N S T R A T I O N.

Si $a \cdot b : c \cdot d$, je dis que $a + d = b + c$: car foit fuppofé b plus grand que l'antécedent a de la quanité x ; il faudra que d foit auffi plus grand que fon antécedent c de la quantité x ; autrement il n'y auroit pas de proportion arithmétique entre les quatre grandeurs a, b, c, d. Cela étant, b eft égal à $a + x$; puifque b contient a, & de plus x qui eft l'excès de b fur a : par la même raifon $d = c + x$; ainfi dans la proportion $a \cdot b : c \cdot d$, on peut mettre $a + x$ à la place de b, & $c + x$ à la place de d, ce qui donnera $a \cdot a + x : c \cdot c + x$. Or il eft évident que dans cette proportion la fomme des extrêmes $a + c + x$, eft égale à la fomme des moyens $a + x + c$; puifque ce font les mêmes grandeurs qui compofent la fomme des extrêmes & celle des moyens ; donc &c.

Si les antécedens avoient été plus grands que les conféquens, en forte que a eût été egal à $b + x$, &

c égal à $d+x$ on auroit démontré la même chose en substituant $b+x$ à la place de a, & $d+x$ à celle de c.

C O R O L L A I R E.

131. Dans une proportion continuë arithmétique, la somme des extrêmes est égale au double du moyen proportionnel : par exemple, si on a la proportion continuë arithmétique $5.8:8.11$, la somme des extrêmes $5+11$ ou 16 égale $8+8$ ou 16 double du moyen proportionnel 8. C'est une suite manifeste du théorême ; parce que le double du moyen proportionnel est la somme des moyens, laquelle par conséquent doit être égale à la somme des extrêmes.

132. La proportion inverse de ce théorême fondamental est encore vraye, c'est-à-dire, que si la somme des extrêmes est égale à celle des moyens, les quatre grandeurs sont en proportion arithmétique. Par exemple, si $a+d=b+c$, il faut que $a.b:c.d$: car la somme $a+d$ étant égale à cette autre $b+c$, il est clair que si b surpasse a de la quantité x, il faudra aussi que d surpasse c de la même quantité ; autrement $a+d$ ne seroit pas égal à $b+c$. Ainsi on aura la proportion $a.b:c.d$; puisque chacun des conséquens b & d surpasse son antécédent de la même quantité.

133. Il suit de-là qu'on peut faire les changemens appellez *alternando* & *invertendo* dans une proportion arithmétique sans la détruire. Mais nous ne nous arrêterons pas davantage à parler de cette espece de proportion, il est temps de passer aux fractions.

DES FRACTIONS.

134. LOrſqu'on conçoit qu'un tout eſt diviſé en parties aliquotes ou égales, & qu'on prend un certain nombre de ces parties, cela s'appelle *fraction* : on peut donc dire qu'une fraction n'eſt autre choſe qu'une ou pluſieurs parties aliquotes d'un tout. La fraction s'exprime par deux nombres, dont l'un marque en combien de parties égales le tout eſt diviſé, & on l'appelle *dénominateur*, & l'autre montre combien on prend de ces parties, & on le nomme *numerateur* ; on écrit le dénominateur au-deſſous du numérateur en les ſéparant par une petite ligne, en cette ſorte, $\frac{3}{5}$: on énonce cette fraction, en diſant, trois cinquiémes ; 3 eſt le numérateur, parce qu'il déſigne combien on prend de parties, c'eſt-à-dire, de cinquiémes, & 5 eſt le dénominateur, parce qu'il marque que le tout eſt diviſé en cinq parties égales.

135. Si la fraction eſt exprimée par des lettres, comme $\frac{a}{b}$, elle marque que le tout eſt partagé en un nombre de parties qui eſt indéterminé & déſigné par le dénominateur *b*, & qu'on prend auſſi un nombre indéterminé de ces parties qui eſt marqué par le numérateur *a*.

136. Le numérateur d'une fraction peut être égal, ou plus petit, ou plus grand que ſon dénominateur : lorſque le numérateur eſt égal au dénominateur, la fraction eſt égale au tout que l'on regarde come l'unité : par exemple, $\frac{4}{4} = 1$. La raiſon en eſt qu'un tout eſt égal à toutes ſes parties priſes enſemble ; ainſi quatre quatriémes marquez par la fraction $\frac{4}{4}$ valent le tout : ſi le numérateur eſt plus petit que le dénominateur, la fraction vaut moins que l'unité : telle eſt la fraction $\frac{3}{4}$. Enfin quand le numérateur eſt plus grand que le

dénominateur, la fraction eſt plus grande que l'unité, comme $\frac{5}{4}$.

137. Si on a deux fractions dont les numérateurs different également des dénominateurs, celle qui eſt exprimée par de plus grands nombres eſt la plus gran-de. Ainſi de ces deux fractions $\frac{14}{15}$ & $\frac{9}{10}$ dont les numé_ rateurs different de leurs dénominateurs ſeulement par l'unité, la premiere eſt plus grande que la ſeconde. Car la premiere eſt plus petite que le tout ſeulement d'un quinziéme, puiſque la fraction $\frac{15}{15}$ eſt égale au tout : au lieu que la ſeconde eſt moindre que le tout d'un dixiéme. Or il eſt évident qu'un quinziéme eſt plus petit qu'un dixiéme. Donc la premiere differe moins du tout que la ſeconde. Ainſi elle eſt plus gran-de que cette ſeconde.

138. Puiſqu'une fraction eſt égale à 1 quand le nu-mérateur & le dénominateur ſont égaux ; il ſuit qu'elle eſt égale à 2, ſi le numérateur eſt double du dénomi-nateur ; qu'elle vaut 3, ſi le numérateur eſt triple du dénominateur ; qu'elle vaut 4, s'il eſt quadruple, &c. par exemple, la fraction $\frac{4}{4}$ étant égale à 1 ; on a auſſi $\frac{8}{4}$＝2, $\frac{12}{4}$＝3, $\frac{16}{4}$＝4, $\frac{20}{4}$＝5, &c. c'eſt-à-dire, que ſi quatre quatriémes valent 1, huit quatriémes valent 2, douze quatriémes valent 3,&c: ce qui eſt évident, puiſ_ que huit quatriémes ſont le double de 4 quatriémes, & que douze quatriémes en ſont le triple, &c. En général la valeur d'une fraction dépend du nombre de fois que le numérateur contient le dénominateur ; en ſorte qu'une fraction eſt toûjours égale au quotient du numérateur diviſé par le dénominateur, par exemple la fraction $\frac{20}{4}$ eſt égale à 5, parce que le quotient de 20 diviſé par 4 eſt 5. Or nous avons vû que la valeur d'une raiſon étoit auſſi égale au quotient de l'antéce-dent diviſé par le conféquent*;ainſi pour me ſervir du même exemple, la raiſon de 20 à 4 eſt égale à 5 ; c'eſt pourquoi la fraction $\frac{20}{4}$ eſt la même choſe que la rai-

* 25.

son de 20 à 4 : & en général une fraction est la même chose que le rapport ou la raison du numérateur au dénominateur : c'est une seconde notion que l'on peut donner de la fraction.

139. Lorsque le numérateur est moindre que le dénominateur, quoique l'on ne puisse faire alors la division du premier par le second, la fraction est cependant une division indiquée : ainsi la fraction $\frac{3}{5}$ marque que 3 est divisé par 5, c'est-à-dire, que l'on prend seulement la cinquième partie de 3 ; je dis la cinquième partie, parce que le dénominateur est 5 ; delà il suit que cette expression *trois cinquièmes*, & celle-ci *la cinquième partie de trois* signifie la même chose, puisque la fraction $\frac{3}{5}$ peut être énoncée de l'une & l'autre manière. Il en est de même des autres fractions ; celle-ci, par exemple $\frac{12}{4}$, peut être énoncée en disant, douze quatrièmes, ou la quatrième partie de douze ; la première expression est la plus ordinaire, & répond directement à la première notion qu'on a donnée des fractions.

140. Pour mieux concevoir que trois cinquièmes & la cinquième partie de trois, sont la même chose ; appliquons ces deux expressions à un exemple particulier : je dis donc que trois cinquièmes d'un écu, & la cinquième partie de trois écus sont la même valeur. Car si la première expression marque trois cinquièmes, quoique la seconde exprime seulement un cinquième ; aussi en récompense cette seconde expression signifie que l'on prend la cinquième partie de trois écus, au lieu que la première marque que l'on ne prend que trois cinquièmes d'un seul écu ; ce qui, comme on voit, revient à la même chose.

141. On voit par là que la quantité $\frac{3}{5}a$ ou $\frac{3}{5} \times a$ est égale à $\frac{3a}{5}$, puisque la première est trois cinquièmes de la grandeur a, & la seconde est la cinquième partie de trois a. De même $\frac{4}{7}c = \frac{4c}{7}$.

142. Il suit de ce qu'on a dit jusqu'ici qu'une fraction est d'autant plus grande que le numérateur est grand par rapport au dénominateur : par exemple la fraction $\frac{12}{4}$ est plus grande que $\frac{8}{4}$: au contraire une fraction est d'autant plus petite que le dénominateur est grand par rapport au numérateur : par exemple, $\frac{5}{6}$ est moindre que $\frac{5}{3}$.

143. Il faut observer qu'une fraction peut changer de termes sans changer de valeur. Exemples. $\frac{5}{10}=\frac{3}{6}$, parce qu'il y a même raison de 5 à 10 que de 3 à 6. De même $\frac{4}{12}=\frac{1}{3}$. En un mot, quand le rapport qui est entre les deux termes d'une fraction est égal au rapport qui est entre les deux termes d'une autre fraction, les valeurs de ces deux fractions sont égales.

On fait sur les fractions les mêmes opérations que sur les entiers, & on en fait aussi de particulieres dont les principales consistent à les réduire à de plus petits termes, à les réduire au même dénominateur, à réduire les entiers en fractions, & les fractions en entiers; enfin à évaluer les fractions. Nous allons donner la méthode de faire toutes ces opérations tant communes que particulieres, en commençant par celles-ci : & quoique les regles que nous donnerons conviennent également aux fractions numériques, & aux fractions algébriques, c'est-à-dire, qui sont exprimées par lettres; cependant nous parlerons presque toûjours des fractions en nombres que nous nous proposons principalement, & nous donnerons seulement des exemples des fractions en lettres, pour faire voir que la regle peut y être appliquée.

Réduire les Fractions à de moindres termes.

144. Pour réduire une fraction à de moindres termes, il faut diviser le numérateur & le dénominateur par le même diviseur, & les deux quotiens feront une

fraction de même valeur que la proposée, quoique les termes en soient plus petits. Exemple. La fraction $\frac{12}{15}$ peut se réduire à de plus petits termes, en divisant le numérateur & le dénominateur par 3, & on aura $\frac{4}{5} = \frac{12}{15}$: de même si on divise par 5 les termes de la fraction $\frac{5}{20}$, il viendra $\frac{1}{4} = \frac{5}{20}$.

Pour réduire la fraction algébrique $\frac{ad}{bd}$ à de moindres termes, il faut diviser le numérateur & le dénominateur par le diviseur commun d, & on aura $\frac{a}{b} = \frac{ad}{bd}$.

145. La maniere la plus facile de réduire les fractions numériques à de plus petits termes, est de prendre la moitié du numérateur & celle du dénominateur. Exemple. $\frac{40}{60} = \frac{20}{30} = \frac{10}{15}$. Autre Exemple. $\frac{64}{80} = \frac{32}{40} = \frac{16}{20} = \frac{8}{10} = \frac{4}{5}$. En prenant la moitié du numérateur & celle du dénominateur, on fait la même chose que si on divisoit l'un & l'autre par 2.

Il est clair qu'on ne peut se servir de cette méthode que quand les deux termes de la fraction sont chacun des nombres pairs. C'est pour cela que dans le premier exemple on en est resté à la fraction $\frac{10}{15}$; quoiqu'on puisse encore la réduire à des moindres termes, en faisant la division par 5 ; ce qui donnera $\frac{2}{3} = \frac{10}{15}$.

La méthode de réduire une fraction à de moindres termes en divisant le numérateur & le dénominateur par un diviseur commun, est fondée sur le huitiéme *19. Principe * touchant les raisons, dans lequel on a fait voir que si on divise deux grandeurs par une troisiéme, la raison des quotiens est égale à celle des grandeurs avant la division : ce principe doit s'appliquer aux fractions, puisque ce sont de véritables raisons.

REMARQUES.

REMARQUES.

I.

146. Plus le diviseur eſt grand , plus les termes auſquels la fraction eſt réduite ſont petits : par exemple ,
ſi on diviſe les deux termes de la fraction $\frac{24}{30}$ par 6, on
aura la fraction $\frac{4}{5}$ dont les termes ſont plus petits, que
ſi on avoit diviſé le numérateur & le dénominateur de
la même fraction $\frac{24}{30}$ par 2 : ce qui auroit donné $\frac{12}{15}$.
Cela vient de ce que plus le diviseur eſt grand , plus le
quotient eſt petit, quand c'eſt le même nombre qu'on
diviſe par un grand & un petit diviſeur.

II.

147. Quand un des termes eſt l'unité , il eſt impoſ-
ſible de réduire la fraction à de plus petits termes :
par exemple , $\frac{1}{5}$ ne peut ſe réduire à de moindres termes. De même quand le numérateur n'eſt ſurpaſſé que
d'une unité par le dénominateur , on ne peut auſſi réduire la fraction à de moindres termes : par exemple ,
la fraction $\frac{14}{15}$ ne peut être réduite.

Réduire les Fractions au même dénominateur.

148. Pour réduire deux fractions , comme $\frac{5}{6}$ & $\frac{2}{3}$
au même dénominateur, ſans en changer la valeur, il
faut multiplier les deux termes de la premiere par 3
dénominateur de la ſeconde , il vient $\frac{15}{18}$; & multiplier pareillement les deux termes de la ſeconde par 6
dénominateur de la premiere : ce qui donne auſſi $\frac{12}{18}$,
les deux fractions réduites ſont donc $\frac{15}{18}$ & $\frac{12}{18}$ qui ſont
de même valeur que les deux premieres $\frac{5}{6}$ & $\frac{2}{3}$, & qui
ont néceſſairement le même dénominateur 18.

Il y a deux chofes à démontrer fur cette regle, la premiere eft qu'en fuivant la méthode prefcrite, les deux fractions réduites font de même valeur que les propofées ; & la feconde, que les deux fractions réduites ont un même dénominateur : c'eft ce que nous allons faire voir.

1°. Les deux fractions réduites font de même valeur que les deux premieres : car fi on multiplie deux grandeurs par une troifiéme, la raifon des produits eft *18. égale à celle des racines *. Or en fuivant la méthode prefcrite, les deux termes de la premiere fraction font multipliez par un même nombre, fçavoir par le dénominateur de la feconde : & de même les deux termes de la feconde font multipliez par le dénominateur de la premiere ; ainfi les deux nouvelles fractions font égales aux deux premieres.

2°. Les deux fractions réduites ont le même dénominateur, puifqu'en fuivant la méthode, le dénominateur de la premiere fraction réduite, eft le produit de 6 par 3, & le dénominateur de la feconde eft le produit de 3 par 6, lefquels produits font néceffairement égaux.

149. S'il y avoit trois fractions à réduire au même dénominateur, il faudroit multiplier le numérateur & le dénominateur de chacune par le produit des dénominateurs des deux autres. Soient les trois fractions $\frac{5}{6}, \frac{2}{3}, \frac{4}{5}$ à réduire au même dénominateur : on trouvera, en fuivant la regle, les trois réduites $\frac{75}{90}, \frac{60}{90}, \frac{72}{90}$.

On fuit la même méthode pour les fractions littérales : exemple. Les fractions $\frac{a}{b}, \frac{c}{d}$ fe réduifent à celles-ci $\frac{ad}{bd}, \frac{bc}{bd}$.

150. En réduifant deux fractions au même dénominateur, on peut voir quelle eft la plus grande ; on peut même connoître quel eft le rapport exact de

l'une à l'autre : car elles sont entre elles comme les numérateurs des fractions réduites. Si on a, par exem-
ple, les deux fractions $\frac{4}{5}$ & $\frac{3}{7}$ dont on cherche le rapport, il faut les réduire au même dénominateur, &
on aura les deux nouvelles fractions $\frac{28}{35}$ & $\frac{15}{35}$ qui sont
égales aux premieres. Or ces deux dernieres fractions
sont entre elles comme les numérateurs 28 & 15 : car
les deux fractions sont les quotiens des numérateurs
divisez par le dénominateur *. Et d'ailleurs le dénomi-   * 138.
nateur étant ici le même, les quotiens sont entre eux
comme les dividendes ; c'est-à-dire, comme les numérateurs. *   * 19.

151. Mais lorsque deux fractions ont un même numérateur, elles sont entre elles réciproquement com-
me les dénominateurs : par exemple $\frac{4}{5}$ est à $\frac{4}{7}$ comme 7
est à 5. Pour le démontrer d'une maniere générale je
prends les deux fractions $\frac{a}{b}$ & $\frac{a}{c}$, & je prouve ainsi que
$\frac{a}{b} . \frac{a}{c} :: c . b :$ si on réduit les deux fractions au même
dénominateur, on aura $\frac{ac}{bc}$ & $\frac{ab}{bc}$, qui sont par conséquent entre elles comme les numérateurs ac & ab.
Or la raison de ces deux numérateurs est égale à celle
de c à b, puisque ac & ab sont les produits des grandeurs c & b multipliées par la même quantité a : par
conséquent les deux fractions $\frac{ac}{bc}$ & $\frac{ab}{bc}$, ou leurs équi-
valentes $\frac{a}{b}$ & $\frac{a}{c}$ sont entre elles comme c & b : c'est-à-
dire, que ces deux dernieres fractions sont récipro-
quement comme leurs dénominateurs.

Réduire un nombre entier en Fraction.

152. Pour réduire un nombre entier en fraction de
même valeur que l'entier, il faut écrire l'unité au-dessous du nombre pour servir de dénominateur : par
exemple, 5 est égal à $\frac{5}{1}$; car une fraction est égale au

quotient du numérateur divisé par le dénominateur : or le quotient de 5 divisé par 1 est égal à 5 , puisque 1 est contenu cinq fois dans 5.

153. Si on vouloit avoir un autre dénominateur que l'unité , il faudroit multiplier le nombre proposé par le dénominateur ; & le produit seroit le numérateur de la fraction cherchée : par exemple , pour réduire 5 en une fraction qui ait 3 pour dénominateur , je multiplie 5 par 3 ; & le produit 15 est le numérateur de la fraction $\frac{15}{3}$ qui est égale à 5 , puisque le numérateur qui est le produit de 5 par 3 , ou, ce qui est la même chose , de 3 par 5 , contient cinq fois le dénominateur 3.

C'est la même chose pour les quantitez algébriques : par exemple , $a = \frac{a}{1}$: & si on veut avoir un autre dénominateur que l'unité, comme b, on trouvera $a = \frac{ab}{b}$.

Réduire une Fraction en entier.

154. Pour réduire une fraction en entier (ce qui ne se peut que quand le numérateur est égal ou plus grand que le dénominateur,) il faut diviser le numérateur par le dénominateur ; & le quotient exprimera la valeur de la fraction : par exemple, si on veut réduire en entier la fraction $\frac{15}{3}$, on divise 15 par 3 , & le quotient 5 marque la valeur de la fraction proposée.

155. Si la division ne pouvoit se faire exactement , comme dans la fraction $\frac{17}{3}$, la valeur de cette fraction seroit l'entier 5 que l'on trouveroit au quotient, plus le reste du numérateur , c'est-à-dire , 2 à qui il faudroit toûjours donner le même dénominateur 3 ; ainsi $\frac{17}{3} = 5 + \frac{2}{3}$. Cela s'entend facilement après ce que nous avons dit sur-tout en parlant de la réduction des entiers en fractions.

On fait de même pour les fractions littérales : par exemple , $\frac{ab}{b}=a$. De même $\frac{abd}{ad}=b$. Mais il eſt facile de voir que cette réduction n'a lieu que quand les lettres du dénominateur ſont toutes communes au numérateur; ainſi la fraction $\frac{ad}{b}$ ne peut ſe réduire en entier.

Evaluer une Fraction.

156. Evaluer une fraction, c'eſt la réduire en parties connuës d'un tout : ſi on a , par exemple, la fraction $\frac{2}{3}$ d'un pied, & qu'on la réduiſe en pouces, c'eſt évaluer la fraction $\frac{2}{3}$ d'un pied.

157. Pour faire cette évaluation, il faut diviſer le nombre qui marque combien le tout contient de parties, par le dénominateur de la fraction ; & après cela multiplier le quotient par le numérateur : ainſi dans l'exemple propoſé, le pied contenant 12 pouces , je diviſe 12 par le dénominateur 3 ; & je multiplie enſuite le quotient 4 par le numérateur 2 ; le produit 8 fait voir que $\frac{2}{3}$ d'un pied vaut 8 pouces.

Voici la démonſtration de cette méthode appliquée à notre exemple : puiſque le pied contient 12 pouces , il s'enſuit que $\frac{2}{3}$ d'un pied vaut les deux tiers de 12 pouces ; & par conſéquent pour évaluer cette fraction, il faut prendre les deux tiers de 12 pouces. Or pour prendre les deux tiers de 12 , il n'y a qu'à en prendre d'abord le tiers , & le multiplier enſuite par 2 ; c'eſt-à-dire, qu'il faut diviſer 12 par 3 , & multiplier le quotient par 2.

158. Au lieu de diviſer 12 par 3 , & de multiplier enſuite le quotient par 2, on pourroit commencer par la multiplication , & faire enſuite la diviſion, en gardant toûjours le même diviſeur & le même multiplicateur ; c'eſt-à-dire , qu'on pourroit d'abord multiplier 12 par 2 , & diviſer enſuite le produit par 3 ; &

on trouveroit la même valeur de la fraction : car en divifant 12 par 3, & multipliant enfuite le quotient par 2, il eſt viſible que le réſultat de l'opération eſt double du quotient de 12 diviſé par 3. Or pareillement en multipliant d'abord 12 par 2, & diviſant enfuite le produit par 3, on trouve un quotient double de celui de 12 diviſé par 3, puiſque le produit que l'on diviſe eſt double de 12. Donc le réſultat de l'opération eſt le même dans les deux cas. On peut toûjours faire le même raiſonnement ſur tout autre exemple. Donc il eſt indifférent de commencer par la multiplication ou par la diviſion.

159. Il ſuit delà que pour évaluer une fraction, on peut d'abord multiplier le nombre qui marque combien le tout contient de parties par le numérateur de la fraction, & enfuite diviſer le produit par le dénominateur de la fraction : par exemple, ſuppoſé qu'un écu vaille 60 ſols, & que je veuille évaluer la fraction $\frac{4}{5}$ d'un écu ; je multiplie d'abord 60 par le numérateur 4, parce que l'écu vaut 60 ſols : après cela je diviſe le produit 240 par le dénominateur 5, & je trouve au quotient 48 : ce qui marque que la fraction $\frac{4}{5}$ d'un écu vaut 48 ſols.

160. Remarquez qu'il arrive aſſez ſouvent qu'on ne peut faire la diviſion ſans reſte, comme dans l'exemple ſuivant : ſoit la fraction $\frac{8}{9}$ d'une toiſe qu'on propoſe d'évaluer en pieds. Suivant la ſeconde méthode, il faut multiplier 6 par le numérateur 8, parce que la toiſe contient ſix pieds, & diviſer enfuite le produit 48 par le dénominateur 9 : on trouvera au quotient 5, & la fraction $\frac{3}{9}$; par conféquent $\frac{8}{9}$ de toiſe vaut 5 pieds & $\frac{3}{9}$ d'un pied.

Cette dernière fraction $\frac{3}{9}$ de pied peut encore être évaluée en pouces par la même méthode ; c'eſt-à-dire, qu'il faut multiplier 12 par le numérateur 3, parce que le pied contient 12 pouces, & diviser le produit 36 par 9; le quotient sera 4; ainsi la fraction $\frac{3}{9}$ de pied vaut 4 pouces; par conséquent la premiere fraction $\frac{8}{9}$ de toise vaut 5 pieds 4 pouces.

Voici encore un autre exemple : supposant l'écu de 60 sols, on demande combien vaut la fraction $\frac{4}{7}$ d'un écu. Je réduis d'abord en sols la fraction proposée, en multipliant 60 par 4; & divisant ensuite le produit 240 par 7 : ce qui me donne pour quotient 34 sols & $\frac{2}{7}$ d'un sol; je réduis pareillement en deniers la fraction $\frac{2}{7}$ d'un sol, & je trouve qu'après avoir multiplié 12 par 2, & divisé le produit 24 par 7 le quotient est 3 plus $\frac{3}{7}$; ainsi la fraction $\frac{2}{7}$ d'un sol vaut 3 deniers & $\frac{3}{7}$ d'un denier; par conséquent la fraction $\frac{4}{7}$ d'un écu, vaut 34 sols 3 deniers & $\frac{3}{7}$ d'un denier : on peut négliger $\frac{3}{7}$ d'un denier.

Nous allons parler présentement des opérations communes aux fractions & aux entiers : ces opérations sont l'addition, la souftraction, la multiplication, la division, la formation des puissances & l'extraction des racines.

DE L'ADDITION DES FRACTIONS.

161. Pour ajoûter deux ou plusieurs fractions, il faut d'abord les réduire au même dénominateur, si elles en ont de différens; & ensuite ajoûter ensemble les numérateurs, en laissant le dénominateur commun; & on a la somme des fractions. Exemple. Je veux ajoûter les deux fractions $\frac{2}{5}$ & $\frac{3}{4}$: pour cela je les réduis d'abord au même dénominateur; ce qui donne $\frac{8}{20}$ & $\frac{15}{20}$; après quoi j'ajoûte les numérateurs sans rien changer au dénominateur, & la somme est $\frac{23}{20}$; c'est-à-dire, vingt-trois vingtiémes.

La raiſon de cette pratique eſt évidente ; car l'on voit aiſément que huit vingtiémes & quinze vingtié-mes font vingt-trois vingtiémes ; il ſuffit donc, quand les fractions ont même dénominateur, d'ajoûter les numérateurs, en laiſſant le dénominateur commun.

On opere de même ſur les fractions algébriques ; ſoient, par exemple, les deux fractions $\frac{a}{b}$ & $\frac{c}{d}$, qu'il faut ajoûter ; je les réduis au même dénominateur : ce qui produit $\frac{ad}{bd}$ & $\frac{bc}{bd}$; après quoi j'ajoûte ſeulement les numérateurs en laiſſant le dénominateur commun, la ſomme eſt $\frac{ad + bc}{bd}$.

162. Si on propoſe un entier & une fraction à ajoûter avec un entier & une fraction, il faut ajoûter l'entier avec l'entier, & la fraction avec la fraction : par exem-ple pour ajoûter $12 + \frac{2}{5}$ avec $15 + \frac{4}{7}$, je prends la ſom-me des entiers qui eſt 27 ; enſuite j'ajoûte les fractions, après les avoir réduites au même dénominateur ; ainſi la ſomme des entiers & des fractions eſt $27 + \frac{34}{35}$.

DE LA SOUSTRACTION DES FRACTIONS.

163. Pour ſouſtraire une fraction d'une autre, il faut les réduire au même dénominateur, quand elles en ont qui ſont différens, & ôter enſuite le numérateur de celle qu'on veut ſouſtraire du numérateur de l'au-tre, en laiſſant le dénominateur commun. Exemple. Pour ſouſtraire $\frac{2}{5}$ de $\frac{3}{5}$, j'ôte le numérateur 2 de 3, & je laiſſe le même dénominateur 5 ; il reſte $\frac{1}{5}$. Si ces fractions n'avoient pas eu le même dénominateur, il auroit fallu les y réduire avant que de faire la ſou-ſtraction.

La raiſon de cette opération s'entend aſſez, c'eſt la même que celle de l'addition.

Quand les fractions ſont littérales, on opere de la même maniere. Exemple. De la fraction $\frac{a}{b}$ on veut ſouſtraire celle-ci $\frac{c}{d}$: il faut réduire l'une & l'autre à celles-ci $\frac{ad}{bd}$ & $\frac{bc}{bd}$, qui ſont égales aux premieres & qui ont même dénominateur ; & ôter enſuite le numérateur de la ſeconde des réduites, du numérateur de la premiere; on aura $\frac{ab-bo}{bd}$ qui eſt le reſte ou la différence des deux fractions.

164. Si on propoſe un entier & une fraction à ſouſtraire d'un entier & d'une fraction, il faut ôter l'entier de l'entier, & la fraction de la fraction : par exemple pour ſouſtraire $9+\frac{2}{5}$ de $12+\frac{3}{4}$, j'ôte 9 de 12, & après avoir réduit les deux fractions $\frac{2}{5}$ & $\frac{3}{4}$ au même dénominateur, j'ôte encore la premiere de la ſeconde, & je trouve que le reſte des entiers & des fractions eſt $3+\frac{7}{20}$. Si la fraction du nombre à ſouſtraire avoit été plus grande que celle de l'autre nombre, il auroit fallu commencer par réduire une unité de 12 en une fraction qui auroit eu le même dénominateur que $\frac{3}{4}$, & l'ajoûter avec $\frac{3}{4}$; enſuite opérer comme on vient de le dire.

DE LA MULTIPLICATION DES FRACTIONS.

On peut multiplier une fraction par un nombre entier ou par une autre fraction. Nous allons donner la méthode pour l'un & l'autre cas.

165. 1°. Pour multiplier une fraction par un entier, il faut multiplier ſeulement le numérateur de la fraction par l'entier, & laiſſer le même dénominateur. Exemple. Je veux multiplier $\frac{3}{5}$ par 4 : pour cela je multiplie le numérateur 3 par 4 ; & gardant le même dénominateur, j'aurai la fraction $\frac{12}{5}$ qui eſt le produit de $\frac{3}{5}$ par 4.

La raiſon eſt que quand on veut multiplier $\frac{3}{5}$ par 4, on cherche une fraction quatre fois plus grande que $\frac{3}{5}$, *Or en multipliant ſeulement le numérateur par 4,   *Liv. I. Art. 36.

la fraction qui vient de cette multiplication est quatre fois plus grande que $\frac{3}{5}$: car une fraction est d'autant plus grande que son numérateur est plus grand par rapport au dénominateur. * Or en multipliant le numérateur 3 par 4, le produit 12 est quatre fois plus grand que 3 ; par conséquent la fraction $\frac{12}{5}$ est quatre fois plus grande que $\frac{3}{5}$; donc $\frac{12}{5}$ est le véritable produit de $\frac{3}{5}$ par 4. Ce qu'il falloit démontrer.

166. 2°. Pour multiplier deux fractions l'une par l'autre, il faut non seulement multiplier les deux numérateurs, mais aussi les deux dénominateurs l'un par l'autre. Exemple. On veut multiplier les deux fractions $\frac{3}{5}$ & $\frac{4}{6}$ l'une par l'autre, il faut multiplier 3 par 4, & 5 par 6 ; & on aura $\frac{12}{30}$ produit des deux fractions proposées.

Afin de concevoir la raison de cette regle, il faut faire attention que pour multiplier $\frac{3}{5}$ par 4, on doit multiplier seulement le numérateur 3 par 4, & on aura la fraction $\frac{12}{5}$ qui est le véritable produit, comme nous venons de le démontrer. Or le produit de $\frac{3}{5}$ par $\frac{4}{6}$ doit être six fois plus petit que $\frac{12}{5}$ puisque le multiplicateur $\frac{4}{6}$, c'est-à-dire, 4 divisé par 6, est six fois plus petit que le multiplicateur 4 ; il faut donc rendre la fraction $\frac{12}{5}$ six fois plus petite. Or pour rendre une fraction plus petite, il n'y a qu'à augmenter le dénominateur en laissant le même numérateur * ; par conséquent pour rendre la fraction $\frac{12}{5}$ six fois plus petite, il n'y a qu'à rendre son dénominateur six fois plus grand ; c'est-à-dire le multiplier par 6 ; donc pour multiplier une fraction par une autre, il faut non seulement multiplier le numérateur par le numérateur ; mais aussi le dénominateur par le dénominateur.

On auroit pû prouver aussi cette méthode par l'article 85 : car les fractions n'étant que des raisons on doit multiplier deux fractions de la même maniere que deux raisons. Or pour avoir le produit de deux raisons, il faut multiplier l'antécedent de l'une par l'antécedent de l'autre, & le conséquent par le conséquent. On doit donc aussi quand il s'agit de la multiplication de deux fractions, multiplier le numérateur par le numéra-teur, & le dénominateur par le dénominateur.

On observe la même méthode pour la multiplication des fractions littérales. 1°. Le produit de $\frac{a}{b}$ par c est $\frac{ac}{b}$.
2°. Le produit de $\frac{a}{b}$ par $\frac{c}{d}$ est $\frac{ac}{bd}$.

167. Si on vouloit multiplier un entier & une fra-ction par un entier & une fraction, il faudroit réduire le multiplicande à une seule fraction, & le multiplica-teur aussi à une autre fraction ; & ensuite multiplier ces deux nouvelles fractions l'une par l'autre : par exemple, pour multiplier $8 + \frac{3}{4}$ par $7 + \frac{2}{5}$, il faut ré-duire premierement le multiplicande $8 + \frac{3}{4}$ en une fraction : pour cela je réduis d'abord 8 à une fraction qui ait un même dénominateur que $\frac{3}{4}$: & je trouve $\frac{32}{4} = 8$: ensuite j'ajoûte $\frac{3}{4}$ avec $\frac{32}{4}$; la somme $\frac{35}{4}$ est le multiplicande total. En second lieu je réduis de la mê-me maniere le multiplicateur à la seule fraction $\frac{37}{5}$. Enfin je multiplie $\frac{35}{4}$ par $\frac{37}{5}$ le produit est $\frac{1295}{20}$ que l'on peut réduire en entier.

Nous n'avons pas parlé de la multiplication des en-tiers par des fractions, parce qu'il est évident que ce cas se rapporte au premier dans lequel il s'agit de la multiplication des fractions par des entiers : par exem-ple on doit avoir le même produit, soit qu'on mul-tiple 4 par $\frac{3}{5}$ ou bien $\frac{3}{5}$ par 4.

REMARQUES.

I.

168. Nous avons vû que pour ajoûter & soustraire

les fractions, il falloit les réduire au même dénomi-nateur : mais cette préparation n'est pas nécessaire pour la multiplication non plus que pour la division des fractions.

II.

169. Quand dans la multiplication des fractions le multiplicateur est plus petit que l'unité, le produit est aussi moindre que le multiplicande : par exemple, $\frac{1}{3}$ multiplié par $\frac{2}{4}$ donne au produit la fraction $\frac{2}{12}$ qui est moindre que $\frac{1}{3}$: car la fraction $\frac{2}{12}$ ne vaut pas un $\frac{1}{3}$, c'est-à-dire, un tiers ; il faudroit quil y eut $\frac{4}{12}$ & non pas $\frac{2}{12}$.

La raison pourquoi le produit est alors plus petit que le multiplicande, c'est que plus le multiplicateur est petit, plus aussi le produit est petit. Or si on multi-plie par l'unité, le produit est égal au multiplicande ; donc si on multiplie par un multiplicateur plus petit que l'unité, le produit doit être moindre que le mul-tiplicande.

Cela se peut aussi prouver par la proportion qui se trouve dans toute multiplication : voici cette propor-tion ; le produit est au multiplicande, comme le mul-tiplicateur est à l'unité * ; par conséquent, si le multi-plicateur est plus petit que l'unité, il faut que le pro-duit soit moindre que le multiplicande.

170. C'est par la multiplication que l'on réduit les fractions de fractions à une fraction simple. Je suppose qu'on ait la fraction de fraction $\frac{3}{5}$ de $\frac{4}{6}$, c'est-à-dire, trois cinquiémes de quatre sixiémes : pour entendre ce qu'elle exprime il faut l'appliquer à un cas particu-lier en cherchant, par exemple, ce que valent trois cinquiémes de quatre sixiémes d'un écu de trois livres. Premierement quatre sixiémes d'un écu de trois livres font 40 sols. En second lieu trois cinquiémes de 40 s.

font 24 fols. Ainfi trois cinquiémes de quatre fixiémes d'un écu valent 24 fols. Il s'agit donc de réduire $\frac{3}{5}$ de $\frac{4}{6}$ à une fraction fimple : or pour cela il faut multiplier $\frac{4}{6}$ par $\frac{3}{5}$, & le produit $\frac{12}{30}$ eft la fraction fimple qui exprime la valeur de la fraction de fraction $\frac{3}{5}$ de $\frac{4}{6}$. Cela eft évident dans le cas particulier dont nous venons de parler : car puifque le trentiéme d'un écu de trois liv. eft deux fols, il s'enfuit que douze trentiémes de l'écu font 24 fols : c'eft la valeur que nous avions déja trouvée.

Afin d'appercevoir la raifon générale & métaphyfique de cette opération, prenons $\frac{1}{5}$ au lieu de $\frac{3}{5}$. Je dis donc que $\frac{1}{5}$ de $\frac{4}{6}$ eft égal a $\frac{4}{30}$ qui eft le produit de $\frac{4}{6}$ par $\frac{1}{5}$: car $\frac{1}{5}$ de $\frac{4}{6}$, c'eft-à-dire un cinquiéme de $\frac{4}{6}$ n'eft autre chofe que la cinquiéme partie de la fraction $\frac{4}{6}$. Or la cinquiéme partie de $\frac{4}{6}$ eft le produit $\frac{1}{5} \times \frac{4}{6}$ ou $\frac{4}{30}$, puifqu'en multipliant le dénominateur 6 par 5, la fraction $\frac{4}{6}$ devient 5 fois moindre qu'elle n'eft * ; donc $\frac{1}{5}$ de $\frac{4}{6}$ eft $\frac{4}{30}$. Cela pofé * 142. il eft clair que $\frac{3}{5}$ de $\frac{4}{6}$ eft trois fois plus grand que $\frac{4}{30}$; il faut donc multiplier cette derniere fraction par 3 ; c'eft-à-dire, qu'il faut encore multiplier le numérateur de $\frac{4}{30}$ par 3, & on aura le produit $\frac{12}{30}$ égal à $\frac{3}{5}$ de $\frac{4}{6}$. Par conféquent pour réduire $\frac{3}{5}$ de $\frac{4}{6}$ à une feule fraction, il faut multiplier $\frac{4}{6}$ par $\frac{3}{5}$. En un mot pour avoir une fraction égale à $\frac{3}{5}$ de $\frac{4}{6}$ il faut prendre trois cinquiémes de $\frac{4}{6}$. Or prendre trois cinquiémes de $\frac{4}{6}$ c'eft multiplier la fraction $\frac{4}{6}$ par $\frac{3}{5}$.

171. S'il y avoit plus de deux fractions, il faudroit auffi les multiplier les unes par les autres, afin de les réduire à une feule fraction. Par exemple $\frac{3}{5}$ de $\frac{4}{6}$ de $\frac{7}{8}$ fe réduit au produit $\frac{3 \times 4 \times 7}{5 \times 6 \times 8} = \frac{84}{240}$. C'eft la même chofe pour les fractions littérales.

De la Division des Fractions.

On peut diviser une fraction par un entier, ou bien une fraction par une autre fraction, ou enfin un entier par une fraction. Nous allons donner la méthode pour ces trois cas.

172. 1°. Pour diviser une fraction par un entier, il faut multiplier le dénominateur de la fraction par l'entier qui est le diviseur, en laissant le même numérateur : par exemple, pour diviser $\frac{2}{3}$ par 4, il faut multiplier le dénominateur 3 par 4, & le quotient sera $\frac{2}{12}$.

Afin de concevoir la raison de cette pratique, il faut faire attention que quand on veut diviser $\frac{2}{3}$ par 4, on en cherche une autre qui n'en soit que la quatriéme partie, ou, ce qui est la même chose, qui soit quatre fois plus petite *. Or pour rendre une fraction plus petite, il n'y a qu'à augmenter son dénominateur * ; ainsi pour faire la fraction $\frac{2}{3}$ quatre fois plus petite, il n'y a qu'à rendre son dénominateur quatre fois plus grand, c'est-à-dire le multiplier par 4, & laisser le même numérateur. Ce qu'il falloit démontrer.

173. Si on peut diviser exactement le numérateur de la fraction par l'entier, il vaut mieux faire cette division du numérateur, en laissant le même dénominateur : par exemple, le quotient de la fraction $\frac{6}{7}$ divisée par 3, est $\frac{2}{7}$. La raison de cette pratique est évidente, puisqu'en divisant le numérateur par 3, il vient une nouvelle fraction dont le numérateur n'est que le tiers de celui de la premiere ; & par conséquent cette nouvelle fraction n'est aussi que le tiers de la premiere.

174. 2°. Pour diviser une fraction par une autre, il faut multiplier le numérateur de la fraction qui est le dividende par le dénominateur de celle qui sert de diviseur, & le produit sera le numérateur du quotient ;

enfuite il faut multiplier le dénominateur du dividende par le numérateur du diviſeur, & le produit ſera le dénominateur du quotient : par exemple, ſi on veut diviſer $\frac{2}{3}$ par $\frac{4}{5}$, il faudra multiplier 2 numérateur du dividende par 5 dénominateur du diviſeur, & le produit 10 ſera le numérateur du quotient : après cela il faudra encore multiplier le dénominateur 3 du dividende par le numérateur 4 du diviſeur, on aura le produit 12 pour le dénominateur du quotient qui ſera $\frac{10}{12}$.

Voici la démonſtration de cette méthode : ſi on diviſe une grandeur par pluſieurs diviſeurs, un quotient eſt d'autant plus grand que le diviſeur eſt petit. Or on a fait voir dans le premier cas que le quotient de $\frac{2}{3}$ diviſé par 4 eſt $\frac{2}{12}$; ainſi le quotient de $\frac{2}{3}$ diviſé par $\frac{4}{5}$ doit être cinq fois plus grand que $\frac{2}{12}$, puiſque $\frac{4}{5}$ n'eſt que la cinquiéme partie de 4 : mais pour rendre la fraction $\frac{2}{12}$ cinq fois plus grande, il n'y a qu'à multiplier le numérateur par 5 : ce qui donnera $\frac{10}{12}$; ainſi cette fraction eſt le quotient de $\frac{2}{3}$ diviſé par $\frac{4}{5}$; donc pour diviſer une fraction par une autre, il faut multiplier le numérateur du dividende par le dénominateur du diviſeur, & le dénominateur du dividende par le numérateur du diviſeur.

On peut diviſer de la même maniere deux fractions littérales l'une par l'autre. Exemple. Le quotient de $\frac{a}{b}$ par $\frac{c}{d}$ eſt $\frac{ad}{bc}$.

175. Quand deux fractions ont le même dénominateur, pour lors afin de diviſer une de ces fractions par l'autre, il ſuffit de diviſer le numérateur du dividende par le numérateur du diviſeur : ainſi le quotient de $\frac{2}{5}$ par $\frac{3}{5}$ eſt $\frac{2}{3}$. Pour le démontrer d'une maniere générale, prenons deux fractions littérales qui ayent le même dénominateur telles que $\frac{a}{b}$ & $\frac{c}{b}$: il faut

prouver que le quotient de la premiere divisée par la
seconde est $\frac{a}{c}$. Selon la regle générale de l'article pré-
* 18. cedent 174 le quotient de $\frac{a}{b}$ par $\frac{c}{b}$ est $\frac{ab}{bc}$. Or * $\frac{ab}{bc} = \frac{a}{c}$.

176. On peut déduire de-là une regle générale
pour diviser deux fractions l'une par l'autre. Voici
cette regle : il faut réduire les deux fractions au même
dénominateur, & ensuite diviser le numérateur du
dividende par le numérateur du diviseur : par exem-
ple, pour diviser $\frac{2}{3}$ par $\frac{4}{5}$, je réduis d'abord ces deux
fractions au même dénominateur:& je trouve $\frac{10}{15}$ & $\frac{12}{15}$:
ensuite je divise 10 par 12 : ce qui donne $\frac{10}{12}$, ainsi le
quotient de $\frac{2}{3}$ par $\frac{4}{5}$ est $\frac{10}{12}$. Ce quotient est le même que
celui qu'on a trouvé par la premiere méthode de ce
second cas.

177. 3°. Pour diviser un nombre entier par une fraction, il faut réduire l'entier à une fraction qui ait l'u-
nité pour dénominateur, & après cela operer comme
nous avons dit qu'on devoit faire pour diviser une fraction par une autre. Exemple. Si on veut diviser 6 par
$\frac{3}{4}$, il faut réduire 6 à la fraction $\frac{6}{1}$ qui est égale à 6, &
ensuite diviser cette fraction $\frac{6}{1}$ par $\frac{3}{4}$; le quotient sera
$\frac{24}{3} = 8$.

Ce troisiéme cas se réduisant au second, n'a pas besoin d'autre démonstration que de celle que nous avons
donnée pour le second.

On a déja vû que la méthode du second cas peut
être appliquée aux fractions littérales : il reste à donner des exemples pour le premier & le troisiéme cas.
Le quotient de $\frac{a}{b}$ par c est $\frac{a}{bc}$. Le quotient de $a = \frac{a}{1}$ par
$\frac{c}{d}$ est $\frac{ad}{c}$.

178. Si on vouloit diviser un entier & une fraction
par un entier & une fraction, il faudroit réduire le dividende à une seule fraction, & le diviseur pareillement à une seule fraction ; & ensuite diviser la premiere

miere de ces nouvelles fractions par l'autre : soit, par exemple, $3 + \frac{1}{2}$ à diviser par $4 + \frac{2}{3}$: je réduis le dividende à la fraction $\frac{7}{2}$, & le diviseur à cette autre $\frac{14}{3}$: après cela je divise $\frac{7}{2}$ par $\frac{14}{3}$, & je trouve au quotient $\frac{21}{28}$.

179. Remarquez que si la fraction qui sert de diviseur est plus petite que l'unité, le quotient sera plus grand que le dividende : comme si on divise $\frac{3}{6}$ par $\frac{2}{4}$, le quotient $\frac{12}{12} = 1$ est plus grand que le dividende $\frac{3}{6}$.

La raison de cette remarque est que le quotient est d'autant plus grand que le diviseur est petit. Or quand le diviseur est l'unité, le quotient est égal au dividende ; par conséquent si le diviseur est plus petit que l'unité, le quotient doit être plus grand que le dividende.

D'ailleurs on a dit * que dans toute division le dividende est au diviseur, comme le quotient est à l'unité : & *alternando*, le dividende est au quotient, comme le diviseur est à l'unité ; par conséquent si le diviseur est plus petit que l'unité, le dividende est aussi plus petit que le quotient.

* 70.

DE LA FORMATION DES PUISSANCES DES FRACTIONS.

Nous ne dirons qu'un mot de cette opération, parce qu'elle est très-facile à entendre, après tout ce que nous avons dit jusqu'ici.

180. Pour avoir le quarré d'une fraction, il faut élever le numérateur & le dénominateur, chacun à son quarré. Exemple. Le quarré de $\frac{2}{3}$ est $\frac{4}{9}$. De même le quarré de $\frac{1}{2}$ est $\frac{1}{4}$.

Pour avoir le cube d'une fraction, il faut élever le numérateur & le dénominateur, chacun à son cube. Exemple. Le cube de $\frac{2}{5}$ est $\frac{8}{125}$.

En général pour avoir une puissance d'une fraction, il faut élever le numérateur & le dénominateur à la même puissance que celle à laquelle on veut élever la fraction.

La raiſon de cette opération eſt bien claire: car pour élever la fraction $\frac{2}{3}$ à ſon quarré, il faut multiplier $\frac{2}{3}$ par $\frac{2}{3}$. Or en multipliant $\frac{2}{3}$ par $\frac{2}{3}$, on aura au produit une fraction, ſçavoir $\frac{4}{9}$ dont le numérateur eſt le quarré de 2, & le dénominateur le quarré de 3 ; par conſéquent pour élever une fraction à ſon quarré, il faut prendre le quarré du numérateur & celui du dénominateur. C'eſt la même raiſon pour les autres puiſſances.

On opere de même ſur les fractions littérales.

Exemples. Le quarré de $\frac{a}{b}$ eſt $\frac{aa}{bb}$. Le quarré de $\frac{a+d}{c}$ eſt $\frac{aa+2ad+dd}{cc}$. Le cube de $\frac{a}{b}$ eſt $\frac{a^3}{b^3}$.

DE L'EXTRACTION DES RACINES DES FRACTIONS.

181. Pour extraire la racine quarrée d'une fraction, il faut tirer celle du numérateur & celle du dénominateur. Exemples. La racine quarrée de $\frac{4}{9}$ eſt $\frac{2}{3}$. La racine quarrée de $\frac{25}{36}$ eſt $\frac{5}{6}$.

En général pour extraire la racine quelconque d'une fraction, il faut tirer la racine ſemblable du numérateur & du dénominateur de la fraction. Exemple. La racine quatriéme de $\frac{16}{81}$ eſt $\frac{2}{3}$.

La raiſon de cette opération ſe déduit de la formation des puiſſances des fractions : car ſi pour élever une fraction à ſon quarré, il faut élever le numérateur & le dénominateur, chacun à ſon quarré, il ſuit que pour tirer la racine quarrée d'une fraction, il faut tirer celle du numérateur & celle du dénominateur, puiſque la formation des puiſſances, & l'extraction des racines ſont des opérations contraires. On peut appliquer le même raisonnement aux autres racines, troisiéme, quatriéme, &c.

Il faut opérer de la même maniere pour l'extraction des racines des fractions littérales. Exemples. La racine quarrée de $\frac{aa}{bb}$ est $\frac{a}{b}$. La racine cubique de $\frac{a^3}{b^3}$ est $\frac{a}{b}$.

182. Si le numérateur & le dénominateur ne font pas l'un & l'autre des puissances parfaites de la racine que l'on cherche, on ne peut trouver exactement cette racine : par exemple, on ne peut pas tirer exactement la racine quarrée de $\frac{4}{5}$, parce que le dénominateur n'est pas un quarré parfait. Mais alors on peut approcher aussi près que l'on veut de la véritable racine. Pour cet effet il faut 1°. multiplier les deux termes de la fraction par le dénominateur, afin que la nouvelle fraction qui viendra ait un quarré pour dénominateur. Dans l'exemple proposé je multiplie les deux termes de la fraction $\frac{4}{5}$ par 5, ce qui donne la nouvelle fraction $\frac{20}{25}$ dont le dénominateur est un quarré. 2°. Il faut écrire à la suite des deux termes de la nouvelle fraction une ou plusieurs tranches de deux zeros chacune. On peut mettre autant de tranches que l'on veut : plus il y en aura, plus on approchera de la véritable racine : mais on doit en mettre le même nombre au numérateur & au dénominateur. 3°. On tirera ensuite la racine quarrée du numérateur & celle du dénominateur : (celle-ci fera exacte, mais la premiere ne le fera pas.) La fraction formée de ces deux racines fera la racine quarrée approchée de la fraction proposée.

Dans notre exemple après avoir réduit la fraction $\frac{4}{5}$ à celle-ci $\frac{20}{25}$, j'écris ensuite deux tranches de deux ze-

ros à la fin de chacun des termes $\frac{20}{25}$, il vient $\frac{200000}{250000}$.
Enfin je tire les racines quarrées des deux termes
200000, & 250000, & j'en forme la fraction $\frac{447}{500}$
qui eſt un peu moindre que la racine véritable de $\frac{4}{5}$,
mais qui n'en differe pas de la 500me partie de l'unité :
en voici la démonſtration. La fraction $\frac{4}{5}$ eſt égale à
$\frac{20}{25}$, parce que l'on a multiplié les deux termes de la
premiere fraction par 5. Par la même raiſon $\frac{20}{25}$ eſt
égale à $\frac{200000}{250000}$, puiſqu'en ajoûtant quatre zeros à
chacun des termes de la fraction $\frac{20}{25}$ on a multiplié les

* Liv. I.
Art. 49. deux termes de cette fraction par 10000. * Par conſéquent la fraction propoſée $\frac{4}{5}$ eſt égale à celle - ci
$\frac{200000}{250000}$. Elles ont donc une même racine. Or la fraction $\frac{447}{500}$ eſt un peu moindre que la racine de $\frac{200000}{250000}$:
mais elle n'en differe pas de la 500me partie d'une unité : car ſi on mettoit 448 pour numérateur au lieu de
447, la fraction $\frac{448}{500}$ feroit trop grande, puiſque 448
eſt plus grand que la racine de 200000.

Les tranches que l'on écrit à la fin des termes de
la fraction dont le dénominateur eſt un quarré, doivent être de deux zeros, afin que le dénominateur
augmenté de ces zeros ſoit toûjours un nombre quarré ; ce qui arrivera néceſſairement : car le dénominateur étoit un quarré avant qu'on le multipliât par l'u-
nité ſuivie d'une ou de pluſieurs tranches de deux zeros. D'ailleurs il eſt évident que l'unité ſuivie d'une ou
de pluſieurs tranches de deux zeros eſt un quarré. Or
un quarré multiplié par un quarré donne un produit
qui eſt auſſi un quarré : car ſoient les deux quarrés
aa & bb qui peuvent repréſenter tous les quarrés. Or
le produit de ces deux quarrez, qui eſt $aabb$, eſt auſſi
un quarré, ſçavoir celui de ab, puiſqu'en multipliant
ab par ab le produit eſt $abab$ ou $aabb$.

183. Si on veut tirer la racine cubique approchée de $\frac{4}{5}$ il faut multiplier les deux termes par le quarré du dénominateur, c'est-à-dire par 25, afin que la nouvelle fraction $\frac{100}{125}$ ait un cube pour dénominateur : ensuite on écrira à la fin des deux termes 100 & 125 une ou plusieurs tranches de trois zeros chacune. Enfin on tirera la racine cubique de chaque terme. On fait de même à proportion pour approcher de la racine quatriéme, cinquiéme, ainsi des autres.

LIVRE TROISIE'ME.

DES EQUATIONS.

IL y a deux méthodes générales pour enseigner & pour découvrir la vérité dans les Sciences ; l'une est appellée *synthese*, & l'autre est nommée *analyse*. Pour bien entendre la maniere dont l'une & l'autre méthode procede, il faut distinguer deux cas ou deux occasions dans lesquelles on en fait usage ; l'une est lorsqu'on veut démontrer la vérité d'une proposition, & l'autre, quand on veut trouver la solution de quelque problême.

Dans la premiere occasion la méthode de synthese consiste à exposer d'abord les principes généraux pour en déduire la proposition à démontrer : au lieu que dans ce premier cas l'analyse suppose que la proposition dont il s'agit est vraye, & ensuite elle conduit de cette supposition jusqu'à quelque principe connu, en faisant voir que la proposition qu'elle a supposée vraye, a une liaison nécessaire avec le principe. Ainsi la synthese commence par les principes généraux pour descendre à la proposition à démontrer : au contraire l'analyse commence par la proposition à démontrer, pour remonter aux principes généraux.

Dans le second cas, c'est-à-dire, lorsqu'il s'agit de résoudre quelque problême, la synthese se sert aussi des principes & des propositions connuës pour parvenir à la connoissance de ce que l'on cherche. Pour ce qui est de l'analyse, elle suppose encore ce que l'on cherche comme dans le premier cas ; mais alors elle ne remonte pas de cette suppofition à quelque principe connu. Voici comme elle procede dans ce second cas.

Lorfque l'on veut trouver la folution de quelque problême par l'analyfe , on examine la queftion propofée avec toute l'attention poffible : on la fuppofe réfoluë ; & par le moyen des différentes opérations dont nous parlerons dans la fuite, on déduit fuceffivement de cette fuppofition plufieurs conféquences , jufqu'à ce que l'on foit arrivé à la connoiffance de ce que l'on cherche. Mais fi en fuppofant la queftion réfoluë , cela conduit à quelque contradiction , c'eft une marque que ce que l'on a fuppofé eft impoffible.

Voici un exemple qui fera concevoir comment l'analyfe fuppofe le problême réfolu. Il s'agit de trouver un nombre qui foit tel qu'étant multiplié par 7 , le produit foit égal à 84. Il faut appeller x le nombre cherché , & dire enfuite : puifque ce nombre étant multiplié par 7, le produit eft égal à 84 ; donc $7x = 84$. Il eft clair qu'en faifant cette égalité de $7x$ avec 84 , on raifonne fur le nombre cherché , comme fi on le connoiffoit. C'eft ainfi que l'analyfe fuppofe la queftion réfoluë : après quoi elle déduit de cette fuppofition la folution du problême , comme on l'expliquera dans la fuite.

On fe fert ordinairement de la fynthefe , lorfqu'on veut enfeigner aux autres les véritez que l'on connoît foi-même : c'eft pour cela que la fynthefe eft appellée *méthode de doctrine*. Mais lorfqu'on veut découvrir la folution d'un problême , on fe fert prefque toûjours de l'analyfe que l'on appelle à caufe de cela , *méthode d'invention*. On réunit auffi quelquefois ces deux méthodes pour trouver plus facilement ce que l'on cherche.

La méthode analytique eft fi utile dans les Mathématiques , que l'on découvre par fon moyen avec une extrême facilité la folution de quantitez de problêmes que l'on n'auroit ofé efperer de réfoudre fans le fecours de cet art merveilleux. Or c'eft par les équations que l'on fait l'application de l'analyfe aux problêmes dont on cherche la folution.

ART. I. Lorfqu'une ou plufieurs quantitez font égales à une ou à plufieurs autres quantitez, cela s'appelle *équation* : par exemple, $10 = 7 + 3$ eft une équation, parce que 10 eft une quantité égale à $7 + 3$. De même $9 + 5 = 20 - 6$ eft encore une équation, parce que $9 + 5$ font 14 auffi-bien que $20 - 6$. En lettres, fi on fuppofe que $ax - 2b$ égale $4cy + d$, on aura l'équation $ax - 2b = 4cy + d$.

2. Ce qui fe trouve à la gauche du figne d'égalité, eft nommé *premier membre* de l'équation, & ce qui eft à la droite eft appellé *fecond membre* : ainfi dans le premier exemple, 10 eft le premier membre, & $7 + 3$ eft le fecond : de même dans le fecond exemple, $9 + 5$ eft le premier membre, & $20 - 6$ eft le fecond.

3. Chaque quantité de l'un & de l'autre membre eft appellée *terme* : ainfi dans le troifiéme exemple qui eft $ax - 2b = 4cy + d$, la quantité ax eft un terme, & l'autre grandeur $-2b$ eft un autre terme : pareillement $4cy$ & d font les termes du fecond membre de la même équation.

4. Dans tout problême il y a des grandeurs inconnuës, puifque fi tout étoit connu, on ne feroit point de queftion : mais il faut auffi qu'il y ait des rapports connus, foit entre les grandeurs inconnuës comparées avec les connuës, foit entre les grandeurs inconnuës comparées entr'elles, pour conduire à la connoiffance des inconnuës, à laquelle il feroit impoffible de parvenir, s'il n'y avoit quelque chofe de connu : par exemple, fi on demande quel eft le nombre qui multiplié par 4 donne un produit qui foit égal à 60, on ne peut trouver ce nombre qu'à caufe du rapport qu'il a avec 60 : ce rapport confifte en ce que le nombre étant

multiplié par 4, le produit est égal à 60. Il est facile de voir que le nombre cherché est 15.

5. Dans les équations on se sert ordinairement des premieres lettres de l'alphabet a, b, c, d, &c. pour désigner les grandeurs connuës; & pour désigner les inconnuës, on se sert des dernieres lettres r, s, t, u, x, y, z : il arrive cependant assez souvent qu'on employe les lettres initiales des noms, pour marquer les grandeurs, soit connuës, soit inconnuës, que ces noms signifient : ainsi le mouvement se marque par m, la vitesse par v, le tems par t, &c.

6. Les équations sont de différens degrez : sçavoir, du premier, du second, du troisiéme, du quatriéme, du cinquiéme, &c. selon que l'inconnuë est élevée à la premiere puissance, à la seconde, à la troisiéme, à la quatriéme, à la cinquiéme, &c. ainsi une équation est du premier degré, lorsque l'inconnue est élevée à la premiere puissance : telles sont les équations $x + b = c$ & $ax + b = c$. Une équation est du second degré, lorsque l'inconnuë est élevée à la seconde puissance : telles sont les équations $xx = c$ & $xx + ax = c$. Une équation est du troisiéme degré, lorsque l'inconnuë est élevée à la troisiéme puissance : telle est l'équation $x^3 + ax^2 + bx = cdf$. Il en est de même des autres équations qui sont d'un degré plus élevé.

7. Remarquez que le degré d'une équation se prend du terme ou l'inconnuë est élevée à la plus haute puissance. Ainsi, quoique dans l'équation qu'on a apportée pour exemple du troisiéme degré, il y ait un terme où l'inconnuë ne soit élevée qu'à la seconde puissance, & un autre où elle est élevée à la premiere; cela n'empêche pas que l'équation ne soit du troisiéme degré, parce qu'il y a un terme ou l'inconnuë est élevée à la troisiéme puissance.

8. En parlant de differens degrez des équations, nous avons supposé qu'il n'y avoit qu'une espece d'in-

connue dans une équation ; mais s'il y a differentes inconnues, pour lors le degré de l'équation dépend du
terme qui a le plus de racines inconnues : par exemple, l'équation $x^2y^3 + ay^4 = bc$ est du cinquiéme degré,
parce que le premier terme x^2y^3 contient cinq racines
inconnues, fçavoir, x, x & y, y, y : mais l'équation
$x^3 + axy = c - d$ n'est que du troisiéme degré, parce
que le terme x^3 qui contient le plus de racines inconnues, n'est que la troisiéme puissance de x.

Notre deffein dans cet Abregé est de donner la méthode de réfoudre feulement les équations du premier degré.

Pour réfoudre une équation, il faut fe fervir de
differentes opérations dont il est néceffaire de parler.
Or ces opérations doivent fe faire de maniere que le
premier membre refte toûjours égal au fecond. Il y en
a plufieurs : fçavoir, l'addition, la fouftraction, la
multiplication, la divifion, la fubftitution, l'extraction
des racines, &c.

9. On fe fert de l'addition lorfque l'on veut faire
paffer une quantité négative d'un membre dans un autre : par exemple, fi dans l'équation $ax - 2b = 4cy + d$,
on veut faire paffer $-2b$ dans le fecond membre, il
faut d'abord ajoûter $+2b$ dans chacun des membres ;
ce qui donnera $ax - 2b + 2b = 4cy + d + 2b$. Or dans
le premier membre les deux quantitez $-2b$ & $+2b$
fe détruifent ; donc l'équation précedente fe réduit à
celle-ci $ax = 4cy + d + 2b$.

10. De-là il fuit que pour faire paffer une quantité
négative d'un membre dans un autre, il n'y a qu'à
l'effacer dans le membre où elle est, & l'écrire dans
l'autre membre avec le figne $+$: par exemple, fi on
a l'équation $9 + 5 = 20 - 6$, & qu'on veuille faire
paffer la grandeur -6 dans le premier membre, il
faut écrire $9 + 5 + 6 = 20$.

Il est évident que par cette opération on ne détruit pas l'égalité qui étoit entre les deux membres, puisque l'on ajoûte la même grandeur à chacun de ces membres.

11. On se sert de la soustraction l'orsqu'on veut faire passer une quantité positive d'un membre dans un autre : par exemple, si on a l'équation $3y + b = d$, & qu'on veuille faire passer $+b$ dans le second membre ; il faut soustraire b de chaque membre ; on aura $3y + b - b = d - b$. Or $+b$ & $-b$ se détruisent dans le premier membre ; donc l'équation précedente se réduit à celle-ci $3y = d - b$.

12. On peut conclurre de-là que pour faire passer une quantité positive d'un membre dans l'autre, il n'y a qu'à ne la point mettre dans le membre où elle étoit, & l'écrire dans l'autre avec le signe $-$; ce qui ne détruit point l'égalité des deux membres, puisque l'on ne fait par-là que soustraire la même grandeur de chacun des membres.

13. On voit donc que l'on peut faire passer toutes sortes de quantitez d'un membre de l'équation dans l'autre sans détruire l'égalité des deux membres ; il suffit pour cela de ne point écrire cette quantité dans le membre où elle se trouvoit, & de la mettre dans l'autre membre avec un signe opposé à celui qu'elle avoit.

14. La multiplication est d'usage dans les équations, lorsqu'il y a quelque fraction que l'on veut ôter. Pour cet effet, il faut multiplier tous les termes de l'équation par le dénominateur de la fraction que l'on veut ôter : soit l'équation $\frac{x}{a} + b = z - d$ dont on veut faire évanouir la fraction $\frac{x}{a}$: il faut multiplier tous les termes de l'équation par le dénominateur a ; & on aura l'équation suivante $\frac{ax}{a} + ab = az - ad$: mais $\frac{ax}{a}$ est égal à x * : ainsi la derniere équation se réduit à celle-ci $x + ab = az - ad$.

15. Il paroît par cet exemple qu'après avoir ôté la fraction de cette équation, le numérateur x est resté à la place de la fraction $\frac{x}{a}$. On peut donc dire en général que pour faire évanouir une fraction, il n'y a qu'à multiplier tous les termes de l'équation par le dénominateur de cette fraction, & laisser le numérateur à la place de la fraction sans le multiplier.

16. S'il y a plusieurs fractions dans l'équation, il faut d'abord faire évanouir une des fractions en multipliant tous les termes de l'équation par le dénominateur de la fraction que l'on veut faire évanouir la premiere ; ensuite multiplier cette équation, dont on a ôté la premiere fraction, par le dénominateur de la fraction que l'on veut faire évanouir la seconde, & ainsi de suite. Soit l'équation $\frac{x}{a}+b=\frac{z}{c}-d$ dont il faut ôter les deux fractions : je commence par multiplier tous les termes par a : ce qui donne la nouvelle équation $x+ab=\frac{az}{c}-ad$, que je multiplie ensuite par c, & il vient cette autre équation $cx+acb=az-acd$, dans laquelle il n'y a plus de fraction.

Il est clair qu'on ne détruit point l'équation ou l'égalité par toutes ces multiplications, puisque l'on ne fait que multiplier les deux membres, qui sont des quantitez égales : par une même grandeur.

17. On se sert de la division pour dégager l'inconnue qui est multipliée par une quantité connue : cela se fait en divisant tous les termes de l'équation par la quantité connue qui multiplie l'inconnue : par exemple, soit l'équation $ax+b=cd$ dont la quantité inconnue x est multipliée par a : afin de dégager cette quantité inconnue, & de la laisser seule pour un des termes de l'équation ; il faut diviser tous les termes par a : ce qui donnera $\frac{ax}{a}+\frac{b}{a}=\frac{cd}{a}$. Or $\frac{ax}{a}$ est égal à x ; par conséquent l'équation précedente deviendra $x+\frac{b}{a}=\frac{cd}{a}$ où l'inconnue seule x est un des termes de l'équation.

18. Il paroît donc que pour dégager l'inconnue d'une quantité connue qui la multiplie, il n'y a qu'à laisser l'inconnue toute seule pour un des termes de l'équation, & diviser tous les autres termes par la quantité qui multiplie l'inconnue. En voici encore des exemples : soit l'équation $3x - b = c + d$: afin de dégager l'inconnue x, il faut diviser tous les termes de l'équation par le coefficient 3 qui multiplie l'inconnue, & on aura $x - \frac{b}{3} = \frac{c}{3} + \frac{d}{3}$.

Le second membre de cette équation qui est $\frac{c}{3} + \frac{d}{3}$ est la même chose que $\frac{c + d}{3}$, parce que les deux fractions $\frac{c}{3}$ & $\frac{d}{3}$ ayant le même dénominateur, on peut les réduire en une seule qui ait le dénominateur commun, & dont le numérateur soit la somme des numérateurs de deux fractions * : ainsi l'équation $x - \frac{b}{3} = \frac{c}{3} + \frac{d}{3}$ est la même que celle-ci, $x - \frac{b}{3} = \frac{c + d}{3}$. Enfin pour dégager l'inconnue x de l'équation $ax - cx = b + d$, j'observe que l'inconnue x est multipliée par $a - c$ dans cette équation, puisque $ax - cx$ est le produit de x par $a - c$, ou de $a - c$ par x ; c'est pourquoi en divisant l'équation proposée par $a - c$, elle se réduit à $x = \frac{b + d}{a - c}$.

Liv. II.
art. 161.

Il est aisé de voir que la division dont on se sert pour dégager l'inconnue, ne détruit point l'égalité, non plus que la multiplication, puisque l'on divise deux quantitez égales ; sçavoir, les deux membres de l'équation par le même diviseur.

19. On se sert de l'extraction des racines lorsque l'inconnue est élevée au quarré, au cube ou à quelque autre puissance ; auquel cas on tire la racine qui répond à la puissance de l'inconnue ; c'est-à-dire, que si l'inconnue est élevée au quarré dans l'équation, il faut tirer la racine quarrée ; si elle est élevée au cube, il faut tirer la racine cubique ; si elle est élevée à la quatriéme puissance, il faut extraire la racine qua-

triéme , &c. Par exemple , si on a l'équation $xx = aa$ dont l'inconnue x est élevée au quarré , il faut tirer la racine quarrée de chaque membre de l'équation , & on aura $x = a$. De même pour résoudre l'équation $x^3 = a + c$, il faut tirer la racine cubique de chaque membre ; ce qui donnera $x = \sqrt[3]{a + c}$.

Il est évident qu'on ne détruit point l'égalité par cette opération : car l'on ne fait que tirer les racines semblables des deux membres qui sont des quantitez égales. Or les racines semblables , c'est-à-dire, ou quarrées, ou cubiques , &c. de quantitez égales, sont égales.

20. Une des principales opérations nécessaires pour résoudre les équations , est la substitution qui consiste à mettre la valeur d'une inconnue à la place de cette inconnue. Si on a , par exemple, les deux équations $x + y = a$ & $x - y = d$, & qu'on veuille substituer dans la premiere équation la valeur de x à la place de cette inconnue, il faut prendre la valeur de x dans la seconde équation ; ce qui se fait en laissant x seule dans le premier membre , & la seconde équation sera $x = d + y$; ainsi $d + y$ est la valeur de x : on substituera ensuite $d + y$ à la place de x dans la premiere équation ; & on aura $d + y + y = a$, au lieu de $x + y = a$.

Si on avoit voulu substituer la valeur de y dans la seconde des deux équations proposées, il auroit fallu prendre cette valeur dans la premiere équation , en laissant y seule dans le premier membre ; ce qui auroit donné $y = a - x$; après quoi on auroit mis $a - x$ à la place de y dans la seconde équation : mais comme y est par soustraction dans cette seconde équation à cause du signe — , il auroit été nécessaire de soustraire $a - x$: or la soustraction se fait en changeant les signes ; ainsi il auroit fallu mettre $- a + x$ à la place de y : & la seconde équation seroit devenue $x - a + x = d$.

Soient auffi les deux équations $x+m=y+b$ & $ax=c$ $-d+y$: fi l'on veut fubftituer dans la feconde équation la valeur de x à la place de cette inconnue, il faut prendre cette valeur dans la premiere équation qui devient $x=y+b-m$, & mettre enfuite $y+b-m$ à la place de x dans la feconde équation : mais comme x eft multipliée par a dans cette feconde équation, il faut pareillement multiplier $y+b-m$ par a, & on aura le produit $ay+ab-am$ égal à ax; ainfi après la fubftitution, la feconde équation fera $ay+ab-am$ $=c-d+y$.

On appliquera ces differentes opérations pour pratiquer les trois regles fuivantes, qui feront trouver la folution des problêmes du premier degré.

21. La premiere confifte à réduire le problême en équations. Afin de mettre cette regle en pratique, il faut faire une grande attention aux conditions du problême qui donnent lieu de former les équations, en exprimant les rapports des grandeurs connues avec les inconnues, ou même ceux qui font entre les quantitez inconnues comparées enfemble. I. Regle

Nous allons appliquer cette regle à un exemple, avant de propofer les deux autres, afin de la faire mieux concevoir : nous ferons pareillement l'application de la feconde regle, avant de propofer la troifiéme.

PROBLÊME I.

22. Pierre & Jean ont chacun un certain nombre d'écus qu'il s'agit de trouver : on fuppofe que fi Pierre donnoit cinq de fes écus à Jean, ils en auroient autant l'un que l'autre : mais fi Jean en donnoit cinq des fiens à Pierre, pour lors Pierre en auroit le triple de ce qui en refteroit à Jean. Combien Pierre & Jean avoient-ils d'écus chacun ?

Pour mettre ce problême en équations, j'appelle x le nombre des écus de Pierre, & y le nombre des écus de Jean : cela pofé, je raifonne ainfi : le nombre des écus de Pierre étant x ; lorſqu'il en aura donné cinq à Jean, le reſte des écus de Pierre ſera $x-5$, & le nombre des écus de Jean ſera $y+5$. Or par la premiere condition du problême, Pierre & Jean auront autant d'écus l'un que l'autre, après que le premier en aura donné cinq des ſiens au ſecond ; par conſéquent $x-5 = y+5$: voilà une équation qui exprime la premiere condition du problême.

Il faut faire une autre équation qui ſoit tirée de la ſeconde partie du problême. On ſuppoſe dans cette ſeconde partie que Jean donne cinq de ſes écus à Pierre ; ainſi le nombre des écus de Jean ſera $y-5$, & celui de Pierre ſera $x+5$. Or par la ſeconde condition du problême, Jean ayant donné cinq écus à Pierre, pour lors Pierre en a trois fois plus que Jean ; par conſéquent $x+5$ eſt trois fois plus grand que $y-5$; donc afin que $y-5$ devienne égal à $x+5$, il faut le multiplier par 3. Or le produit de $y-5$ par 3 eſt $3y-15$; donc $3y-15 = x+5$. Ainſi les deux équations qui expriment les conditions du problême ſont $x-5 = y+5$ & $3y-15 = x+5$.

23. Il ne faut pas d'autres équations pour réſoudre le problême propoſé ; parce que n'y ayant que deux choſes inconnues, ſçavoir, le nombre des écus de Pierre & celui des écus de Jean, on n'a beſoin que de deux équations pour réſoudre ce problême. En général il faut faire autant d'équations qu'il y a d'inconnues : il y a cependant des problêmes dont les conditions ne donnent pas autant d'équations qu'il y a d'inconnues ; & pour lors ces problêmes ſont indéterminez ; c'eſt-à-dire, qu'ils ont pluſieurs ſolutions & même une infinité : nous en donnerons un exemple dans la ſuite. Venons à préſent à la ſeconde regle.

On conçoit bien que tandis que les inconnues ſeront mêlées enſemble dans chacune des équations, on ne pourra ſçavoir la valeur préciſe de chacune des inconnues ;

inconnues ; c'est pourquoi il faut faire en sorte de parvenir à une équation qui ne contienne qu'une espece d'inconnue. C'est ce que prescrit la regle suivante, qui est la seconde.

24. Cette seconde regle consiste donc à trouver II Regle une nouvelle équation par le moyen des premieres, qui ne contienne qu'une espece d'inconnue. Or cela se fait en substituant la valeur d'une ou de plusieurs inconnues à la place de ces inconnues. Il faut donc prendre la valeur d'une inconnue dans une équation, comme nous l'avons dit *, & substituer cette valeur dans * 20. les autres équations de la maniere dont cette inconnue s'y trouve ; c'est-à-dire, que si l'inconnue se trouve par addition, la valeur doit y être substituée par addition ; si l'inconnue est retranchée, sa valeur doit être aussi retranchée ; si l'inconnue est multipliée par quelque grandeur, sa valeur doit être multipliée par la même grandeur, &c. ainsi que l'on a vû dans l'Article 20.

Nous allons faire l'application de cette seconde regle à l'exemple du premier Problême.

Les deux équations trouvées sont $x-5=y+5$ & $3y-15=x+5$; pour en faire une qui ne contienne qu'une espece d'inconnue, on laisse une des inconnues, sçavoir x, toute seule dans un des membres de la premiere équation, afin d'en avoir la valeur. Or pour laisser x seule dans un membre, il faut faire passer -5 dans l'autre membre ; & au lieu de l'équation $x-5=y+5$, on aura $x=y+5+5$, ou bien, $x=y+10$; ainsi la valeur de x est $y+10$, qu'il faut substituer à la place de x dans la seconde équation $3y-15=x+5$. En faisant cette substitution, on trouvera $3y-15=y+10+5$, ou bien, $3y-15=y+15$.

Nous voilà donc parvenus à une équation qui ne contient qu'une espece d'inconnue ; sçavoir, la grandeur y qui marque le nombre des écus de Jean. Il reste à présent à chercher par le moyen de cette équation, quelle est la valeur toute connue de cette grandeur : c'est ce que nous trouverons par la troisiéme regle.

III Reg.　25. Cette troisiéme regle consiste à laisser la quantité inconnue toute seule dans un des membres, en faisant passer toutes les grandeurs connues dans l'autre membre. Il est évident que la quantité inconnue deviendra connue par ce moyen, puisqu'elle sera égale à des quantitez connues.

Pour appliquer cette regle à notre exemple, il faut reprendre l'équation que la seconde regle a fait trouver ; la voici, $3y - 15 = y + 15$: je fais d'abord passer -15 du premier membre dans le second ; & j'aurai $3y = y + 15 + 15$, ou $3y = y + 30$: & faisant aussi passer y du second membre dans le premier, il vient $3y - y = 30$, ou $2y = 30$. Enfin y étant multipliée par 2 dans le premier membre de cette derniere équation, je divise tous les termes par 2, afin de laisser y seule dans le premier membre : cette division étant faite, la derniere équation se réduit à $y = 15$; c'est-à-dire, que Jean avoit 15 écus.

Pour sçavoir combien en avoit Pierre, il faut substituer 15 à la place de y dans quelques-unes des équations où se trouvent les deux inconnues x & y. Je mets donc 15 à la place de y dans la premiere équation, qui est $x - 5 = y + 5$: ce qui donne l'équation suivante, $x - 5 = 15 + 5$ ou $x - 5 = 20$: & faisant passer -5 dans le second membre, afin que x reste seule dans le premier, il vient $x = 20 + 5$, ou $x = 25$; c'est-à-dire, que Pierre avoit 25 écus.

Ces deux nombres 25 & 15 remplissent les conditions du problême proposé : car si Pierre avoit donné cinq de ses écus à Jean, ils en auroient eu autant l'un que l'autre : ainsi ces deux nombres satisfont déja à la premiere partie du problême. D'ailleurs si Jean avoit donné cinq de ses écus à Pierre, qui en avoit 25, Jean n'en auroit plus eu que 10, & Pierre en auroit eu

30, & par conséquent Pierre en auroit eu le triple de ce qui en seroit resté à Jean : ce qui satisfait encore à la seconde partie du problême.

On propose communément un problême de même espece, dans lequel on suppose qu'une ânesse & une mule ont chacune un certain nombre de sacs, en sorte que si la mule en donnoit un des siens à l'ânesse, elles en auroient autant l'une que l'autre : mais au contraire, si l'ânesse en donnoit un des siens à la mule, pour lors la mule en auroit le double de ce qui en resteroit à l'ânesse.

Il s'agit de trouver le nombre des sacs de l'ânesse & celui des sacs de la mule.

Pour observer la premiere regle, on nommera a le nombre des sacs de l'ânesse, & m celui des sacs de la mule, & on trouvera que les deux équations qui expriment la nature du problême ; sont $m-1=a+1$ & $2a-2=m+1$.

Ensuite si, pour observer la seconde regle, on prend la valeur de m dans la premiere équation, & qu'on substitue cette valeur, qui est $a+2$, dans la seconde équation à la place de m, on aura $2a-2=a+2+1$, ou $2a-2=a+3$.

Enfin en appliquant la troisiéme regle sur l'équation $2a-2=a+3$, qui ne contient qu'une espece d'inconnue ; sçavoir a, on trouvera $a=5$: puis en substituant cette valeur toute connue de a dans la premiere équation $m-1=a+1$, on trouve aussi $m=7$; par conséquent l'ânesse avoit 5 sacs & la mule 7.

Nous allons donner plusieurs autres problêmes, dont nous chercherons la solution en nous servant des mêmes regles, qui sont, comme on l'a dit, au nombre de trois, dont la premiere consiste à mettre le problê-me en équations ; la seconde, à trouver une équation formée des premieres, qui ne contienne qu'une es-pece d'inconnue ; & la troisieme enfin, à laisser l'inconnue toute feule dans un des membres de l'équation que la feconde regle a fait trouver.

26. C'eft la premiere de ces trois regles qui eft ordinairement la plus difficile à mettre en pratique, parce qu'il n'y a point de méthode fixe qu'on puiffe prefcrire pour l'application de cette regle. Ce que l'on peut dire en général, c'eft qu'il faut faire une grande attention à la nature & aux conditions du problême, afin d'appercevoir les différens rapports qui font entre les quantitez, foit connues, foit inconnues, & qui peuvent donner lieu à former des équations. Il arrive fouvent que la folution d'un problême dépend d'une propriété connue par quelque partie des Mathématiques : fi cette propriété renferme une proportion, il eft bien facile d'en faire une équation, puifque le produit des extrêmes eft égal à celui des moyens.

27. L'illuftre M. Newton remarque dans fon Arithmétique univerfelle, que réduire une queftion ou un problême en équations, c'eft la traduire, pour ainfi dire, en langage algébrique : pour cela on donne des noms aux quantitez, foit connues, foit inconnues, qui entrent dans la queftion, c'eft-à-dire, qu'on défigne ces quantitez par des lettres, & on exprime enfuite par ces lettres les rapports que les quantitez ont entr'elles. Cette remarque peut beaucoup aider à trouver les équations d'un problême. Nous en allons faire l'application à notre premier problême, dans lequel il s'agit de trouver le nombre des écus de Pierre & celui des écus de Jean, en fuppofant que ces deux nombres font défignés par les lettres dont nous nous fommes fervis.

1°. Si Pierre donnoit cinq de fes écus à Jean, ils en auroient autant l'un que l'autre : cela fe traduit ainfi en langage algébrique, $x - 5 = y + 5$.

2°. Si Jean donnoit cinq des fiens à Pierre, celui-ci en auroit trois fois plus qu'il n'en refteroit à Jean. Cette feconde condition s'exprime algébriquement en cette maniere : $x+5=\overline{y-5}\times 3$, ou bien , $x+5=3y-15$.

28. Quant à la seconde regle, qui prescrit de faire une nouvelle équation par le moyen des premieres, qui ne contienne qu'une espece d'inconnue, elle peut être réduite en pratique par une opération différente de la substitution, sçavoir par l'addition ou la soustraction : c'est-à-dire, en ajoûtant les deux premieres équations ensemble, ou en retranchant l'une de l'autre, selon qu'il est nécessaire pour faire évanouir une des deux inconnues. Nous allons appliquer cette méthode de pratiquer la seconde regle aux deux exemples précédents.

Les deux premieres équations du premier exemple sont, $x-5=y+5$ & $3y-15=x+5$: en retranchant l'équation $x-5=y+5$, ou $y+5=x-5$ de l'autre, c'est-à-dire, le premier membre de l'une du premier membre de l'autre, & pareillement le second du second, le reste est $3y-15-y-5=x+5-x+5$, qui se réduit à $2y-20=10$; d'où l'on tire d'abord $2y=30$, & ensuite $y=15$.

Les deux équations du second exemple sont, $m-1=a+1$ & $2a-2=m+1$: ôtant celle-ci $m-1=a+1$, ou $a+1=m-1$ de l'autre, je trouve $2a-2-a-1=m+1-m+1$, qui se réduit à $a-3=2$: d'où l'on tire $a=5$.

29. Pour sçavoir laquelle des deux opérations, l'addition ou la soustraction on doit employer, il faut considérer les signes de plus & de moins de l'inconnue dans les deux équations : car si les signes de cette inconnue sont différens dans les deux équations, il faut ajoûter une équation à l'autre : mais si ces signes sont semblables, il faut retrancher l'une de l'autre.

30. Si l'inconnue qu'on veut faire disparoître est multipliée par une autre quantité dans une des équations, il faut multiplier tous les termes de l'autre

équation par cette même quantité avant de faire l'ad‑
dition ou la fouftraction.

31. Il faut remarquer que fouvent il n'y a qu'une
inconnue dans le Problême, auquel cas la feconde re‑
gle n'a point de lieu ; mais feulement la premiere &
la troifiéme, comme on le verra dans plufieurs des
Problêmes fuivans.

P**roblême** II.

32. *La fomme de deux nombres étant connue, & la
difference ou l'excès de l'un fur l'autre étant auffi connu,
trouver quels font ces deux nombres.*

Par exemple, fi la fomme des deux nombres eft 40,
& que leur différence foit 8, il s'agit de trouver quels
font les deux nombres, qui pris enfemble font 40,
& dont la différence eft 8.

Pour réfoudre ce Problême d'une maniere générale,
nous fuppoferons la fomme 40 défignée par a, & la
différence 8 par d : nous appellerons auffi la plus gran‑
de des inconnues, x, & la petite, y. Cela pofé, je rai‑
fonne ainfi : Puifque les deux grandeurs inconnues prifes
enfemble font la fomme connue a, nous aurons déja
l'équation fuivante $x + y = a$.

D'ailleurs la différence des deux inconnues, c'eft-à-
dire, l'excès de la plus grande fur la plus petite, étant
défignée par d, il s'enfuit qu'en ôtant la plus petite de
la plus grande, le refte fera égal à d ; nous aurons donc
encore l'équation $x - y = d$: ainfi les deux équations
qui renferment les conditions du Problême, font
$x + y = a$ & $x - y = d$.

Il n'y a que ces deux équations à faire pour réfou‑
dre le Problême, parce qu'il n'y a que les deux incon‑
nues x & y ; c'eft pourquoi il faut paffer à la feconde
regle, c'eft-à-dire, qu'il faut, par le moyen de la
fubftitution, faire une nouvelle équation qui ne con‑
tienne qu'une efpece d'inconnue. Pour cela je prends

la valeur de x dans la seconde des deux équations trouvées, qui est $x - y = d$: il faut donc faire passer $-y$ dans le second membre ; & il viendra $x = d + y$; ainsi la valeur de x est $d + y$: je substitue cette valeur à la place de x dans la premiere équation $x + y = a$; & je trouve la nouvelle équation $d + y + y = a$, ou $d + 2y = a$, laquelle ne contient qu'une espece d'inconnue, sçavoir y, dont on trouvera la valeur par le moyen de la troisiéme regle, de la maniere suivante.

Puisque $d + 2y = a$; donc $2y = a - d$: mais comme y est multipliée par 2 dans cette derniere équation, il faut diviser toute l'équation par 2, afin de dégager l'inconnue y ; ce qui donne $y = \frac{a}{2} - \frac{d}{2}$. Mettant à présent cette valeur toute connue de y dans la premiere équation $x + y = a$, il vient $x + \frac{a}{2} - \frac{d}{2} = a$; ainsi $x = a - \frac{a}{2} + \frac{d}{2}$: ensuite réduisant l'entier a en fraction, qui ait pour dénominateur 2, il vient * $x = \frac{2a}{2} - \frac{a}{2} + \frac{d}{2}$. Mais $\frac{2a}{2} - \frac{a}{2} = \frac{a}{2}$; donc $x = \frac{a}{2} + \frac{d}{2}$. Or $\frac{a}{2}$ exprime la somme divisée par 2 ; c'est-à-dire, la moitié de la somme ; & $\frac{d}{2}$ marque la moitié de la différence. Ainsi le plus grand des deux nombres cherchez désigné par x, est égal à la moitié de la somme, plus à la moitié de la différence. Pareillement l'équation $y = \frac{a}{2} - \frac{d}{2}$ signifie que le plus petit de deux nombres cherchez marqué par y, est égal à la moitié de la somme moins la moitié de la différence.

* Liv. 2. art. 153.

Dans l'exemple proposé, la somme des deux nombres cherchez est 40, & la différence est 8 ; ainsi la moitié de la somme est 20, & la moitié de la différence est 4 ; par conséquent le plus grand des deux nombres est $20 + 4 = 24$; & le plus petit est $20 - 4 = 16$. Il est évident que ces deux nombres satisfont au Problême, puisque la somme de 24 & de 16 est 40, & que la différence ou l'excès de 24 sur 16 est 8.

Après avoir trouvé les deux premieres équations

$x+y=a$ & $x-y=d$, on auroit pû parvenir à l'é-
quation $2y=a-d$, qui ne renferme qu'une efpece
d'inconnue, en retranchant celle-ci $x-y=d$ de l'autre $x+y=a$: car après cette fouftraction le refte eft
$x+y-x+y=a-d$, ou bien, $2y=a-d$.

On auroit pû auffi trouver la valeur d'x en ajoûtant enfemble les deux équations $x+y=a$, & $x-y$
$=d$: car la fomme de ces deux équations eft $2x=a$
$+d$: & en divifant chaque membre de cette derniere
égalité par 2, on en conclut $x=\frac{a+d}{2}$, ou bien,
$x=\frac{a}{2}+\frac{d}{2}$.

33. Il paroît par la folution générale du Problême,
que la plus grande de deux quantitez inégales, eft
toûjours égale à la moitié de la fomme de ces quantitez, plus à la moitié de la différence ; & que la plus
petite eft égale à la moitié de la fomme moins la moitié de la différence. Il faut retenir cette propofition
qui eft d'un grand ufage dans les Mathématiques.

34. On peut réfoudre le même Problême plus facilement, en employant une feule équation & une feule
efpece d'inconnue. Pour cela, il faut faire attention
qu'en ôtant du plus grand nombre la différence des
deux, le refte eft égal au plus petit ; par conféquent le
plus grand étant marqué par x, le plus petit fera défigné par $x-d$; ainfi la fomme des deux nombres eft
$x+x-d$; donc on aura l'équation $x+x-d=a$;
par conféquent $2x-d=a$; donc $2x=a+d$; donc
$x=\frac{a}{2}+\frac{d}{2}$; ainfi la valeur de x eft $\frac{a}{2}+\frac{d}{2}$: c'eft la même que celle qu'on a trouvée par la première méthode.
Cette valeur de x étant trouvée, on en ôtera la différence, & le refte fera le plus petit des deux nombres.

PROBLÊME III.

35. *Un Berger étant interrogé combien il y avoit de*
moutons dans fon troupeau, répondit que s'il en avoit en-
core le tiers & de plus le quart de ce qu'il en a, & cinq

par-deſſus, il en auroit cent. On demande quel eſt le nombre des moutons.

On voit bien qu'il n'y a qu'une inconnue dans ce Problême, ſçavoir, le nombre des moutons, c'eſt pourquoi il n'y a qu'une équation à faire.

Nous nommerons x le nombre inconnu des moutons, a le nombre de cent que le Berger auroit eu, en ajoûtant à x le tiers & le quart de x & cinq de plus. Voici comme je raiſonne pour mettre le Problême en équation : Puiſqu'en ajoûtant au nombre de moutons que le Berger a actuellement, le tiers de ce nombre, enſuite le quart & cinq de plus, la ſomme ſeroit égale à cent, il s'enſuit que x nombre des moutons du Berger, plus le tiers de x, plus le quart de x, plus cinq égalent a, c'eſt-à-dire, cent. Or le tiers de x ſe marque par la fraction $\frac{x}{3}$, qui ſignifie x partagée ou diviſée par 3 : de même le quart de x ſe marque par $\frac{x}{4}$; ainſi l'équation qui exprime le Problême eſt $x + \frac{x}{3} + \frac{x}{4} + 5 = a$.

Voilà donc la premiere regle obſervée : mais comme il n'y a qu'une ſeule équation pour exprimer le Problême, parce qu'il n'y a qu'une eſpece d'inconnue ; la ſeconde regle n'a point de lieu dans ce Problême : c'eſt pourquoi il faut préparer l'équation en faiſant évanouir les fractions, & paſſer enſuite à l'application de la troiſiéme regle.

Je fais donc évanouir la premiere fraction en multipliant toute l'équation par le dénominateur 3 *; ce qui donne cette autre équation $3x + x + \frac{3x}{4} + 15 = 3a$: je fais enſuite évanouir l'autre fraction, en multipliant de même cette derniere équation par le dénominateur 4 ; & il vient $12x + 4x + 3x + 60 = 12a$, ou bien, $19x + 60 = 12a$; donc $19x = 12a - 60$. Or $a = 100$; donc $12a = 1200$; donc $19x = 1200 - 60$, ou $19x = 1140$: mais comme x eſt multipliée par 19 dans le

* 14

premier membre, il faut diviser toute l'équation par 19, afin que x demeure seule dans le premier membre. Or en divisant 1140 par 19, le quotient est 60; par conséquent on aura l'équation suivante $x = 60$; c'est-à-dire, que le Berger avoit 60 moutons dans son troupeau. Ce nombre satisfait aux conditions du Problême : car si à 60 on ajoûte le tiers qui est 20, & le quart qui est 15 & 5 de plus, la somme sera 100.

PROBLÊME IV.

36. Une armée ayant été défaite, le quart est resté sur le champ de bataille, deux cinquiémes ont été faits prisonniers, 14000 hommes qui étoient le reste de l'armée ont pris la fuite. On demande de combien d'hommes l'armée étoit composée avant la bataille.

Je nomme x le nombre inconnu que je cherche, & je me sers de la lettre a pour marquer les 14000 hommes qui ont pris la fuite; puis je dis : le quart de x, plus les deux cinquiémes de x, plus 14000 sont égaux à l'armée entiere; je réduis donc le problême en équations de la maniere suivante, $\frac{x}{4} + \frac{2x}{5} + a = x$. Comme il n'y a qu'une espece d'inconnue dans cette équation, il est clair que la seconde regle n'a point de lieu, puisqu'il n'y a point de substitution à faire. Il faut donc seulement ôter les fractions, afin d'appliquer ensuite la troisiéme regle.

Je fais évanouir la premiere fraction en multipliant tous les termes de l'équation par le dénominateur 4, & je trouve l'équation suivante $x + \frac{8x}{5} + 4a = 4x$, de laquelle j'ôte la fraction $\frac{8x}{5}$, en multipliant tous les termes par le dénominateur 5 ; il vient $5x + 8x + 20a = 20x$; donc $13x + 20a = 20x$; donc $20a = 20x - 13x$, ou $20a = 7x$. Or $a = 14000$; donc $20a = 280000$; ainsi $7x = 280000$; & par conséquent en divisant toute l'équation par 7, on aura $x = 40000$; c'est-à-dire, que l'armée étoit composée de 40000 hommes.

Pour s'affurer que ce nombre fatisfait aux conditions du Problême, il faut
ajoûter les nombres mar-
quez dans le Problême,
pour voir fi la fomme eft
égale à 40000.

$$10000 \text{ quart de } 40000.$$
$$16000 \text{ deux } 5^{\text{mes}} \text{ de } 40000.$$
$$14000 \text{ refte de l'armée.}$$
$$\overline{40000 \text{ fomme totale.}}$$

P R O B L Ê M E V.

37. *Trois perfonnes ont enfemble* 150 *ans, le premier a
le double de l'âge du fecond ; le fecond a le triple de l'âge
du troifiéme. On demande quel eft l'âge de chacun en particulier.*

L'âge du troifiéme foit nommé x ; celui du fecond
fera $3x$, & celui du premier $6x$, puifqu'il eft le double
de celui du fecond ; par conféquent on aura l'équation $x + 3x + 6x = 150$, ou bien $10x = 150$; ainfi en
divifant tout par 10, il viendra $x = 15$; c'eft-à-dire,
que le plus jeune des trois a 15 ans, ainfi le fecond a
45 ans, & le troifiéme 90. Pour s'affurer qu'on a bien
opéré, il n'y a qu'à ajoûter ces trois âges, & on verra
que la fomme eft égale à 150, & par conféquent on
a bien opéré.

38. Si le fecond avoit eu trois fois l'âge du troifiéme & 5 ans de plus, & que le premier eût eu le
double de l'âge du fecond & 15 années de plus, pour
lors l'âge du fecond auroit été $3x + 5$, & l'âge du premier auroit été $6x + 10 + 15$; ainfi au lieu de l'équation $x + 3x + 6x = 150$, on auroit eu $x + 3x + 5 + 6x$
$+ 10 + 15 = 150$; donc $10x + 30 = 150$, donc $10x$
$= 150 - 30$, ou $10x = 120$; donc $x = 12$; c'eft-à-
dire, que le plus jeune auroit eu 12 ans ; ainfi le fecond en auroit eu 41, & le premier 97. Ces trois
nombres font enfemble 150.

39. Ce Problême renferme la regle qu'on appelle
de *fauffe pofition*, parce que pour trouver la folution
des queftions qui appartiennent à cette regle, on fait

une ou plusieurs fausses suppositions : par éxemple,
pour résoudre la question proposée dans ce Problême,
on peut supposer que le plus jeune des trois a 10 ans ;
par conséquent le second en aura 30 & le premier 60.

Or ces trois nombres ajoûtez ensemble ne font que
100 : d'où il faut conclurre que la supposition que
l'on a faite est fausse, puisque les trois âges doivent
faire 150 ans. Néanmoins cette supposition, quoique
fausse, peut conduire à la vérité par le secours de la
regle de trois, en disant, Si 100 donne 10 pour l'âge
du plus jeune, combien donneront 150 : voici la proportion renfermée dans cette regle : 100. 10 :: 150. x,
ou bien *alternando*, 100. 150 :: 10. x. Il faut donc multiplier les moyens 150 & 10 l'un par l'autre, & diviser le produit 1500 par 100 ; le quotient 15 sera le
quatriéme terme de la proportion, & il fera connoître que l'âge du plus jeune est 15 ans.

Mais pour résoudre la question telle qu'elle est proposée dans l'article 38. On fait deux fausses suppositions par le moyen desquelles on parvient enfin à la
vérité : cette méthode est alors assez difficile pour la
pratique, & encore plus pour la démonstration.

PROBLÊME VI.

40. *Connoissant le premier & le second terme d'une
progression géométrique qui va en diminuant, & qui est
composée d'une infinité de termes, trouver la somme de tous
les termes de la progression.*

Soit par éxemple, la progression géométrique
8. 4. 2. 1. $\frac{1}{2}$. $\frac{1}{4}$. $\frac{1}{8}$. $\frac{1}{16}$, &c. Il s'agit de trouver
quelle est la somme de tous les termes de cette pro-
gression, que l'on suppose continuée à l'infini.

Pour résoudre ce Problême d'une maniere générale,
nous appellerons le premier terme a, le second b, &
la somme des termes s. Cela posé, il faut se souvenir
d'une propriété de la progression géométrique qui

ſervira à la ſolution du Problême. Cette propriété eſt
que dans toute progreſſion géométrique la ſomme des
antécédens eſt à la ſomme des conſéquens comme un
ſeul antécédent eſt à ſon conſéquent.* Or dans le cas
du Problême la ſomme des antécédens eſt la même que
la ſomme de tous les termes, puiſque tous les termes
ſont antécédens, excepté le dernier qui eſt ici zero, à
cauſe que la progreſſion va en diminuant, & qu'elle
eſt ſuppoſée avoir une infinité de termes ; ainſi la
ſomme des antécédens eſt $s - o$, ou bien s. D'ailleurs
tous les termes d'une progreſſion étant conſéquens,
excepté le premier, la ſomme des conſéquens ſera
$s - a$: la propriété de la progreſſion géométrique
pourra donc s'exprimer ainſi, $s. s - a :: a. b$; donc
$bs = as - aa$*, ou $as - aa = bs$; voilà l'équation qui
exprime la nature du Problême : mais comme il n'y a
qu'une ſeule inconnue, la ſeconde regle n'a point ici
d'application, il faut donc paſſer à la troiſiéme.

*Liv. a;
art. 84.

*Liv. 2;
art. 40.

Je commence par mettre dans le premier membre
tous les termes qui contiennent l'inconnue, & les autres termes dans le ſecond membre ; je dis donc : Puiſque $as - aa = bs$, il faut que $as = bs + aa$; donc as
$- bs = aa$. Après cela conſidérant que le premier
membre n'eſt que l'inconnue s multipliée par $a - b$,
ou $a - b$ multiplié par s, je diviſe toute l'équation
par $a - b$, afin que s demeure ſeule dans le premier
membre : la diviſion étant faite, je trouve $s = \frac{aa}{a - b}$;
c'eſt-à-dire, que la ſomme de tous les termes d'une
progreſſion géométrique, qui eſt compoſée d'une infinité de termes & qui va en diminuant, eſt égale au
quarré du premier terme diviſé par le premier moins
le ſecond.

Dans l'éxemple propoſé 8 eſt le premier terme,
ſon quarré eſt 64, & le premier terme moins le ſecond eſt $8 - 4 = 4$; ainſi il faut diviſer 64 par 4, &
le quotient 16 ſera la ſomme de tous les termes de la

progreſſion géométrique propoſée, en ſuppoſant qu'elle
eſt continuée à l'infini.

41. On peut remarquer que quand les termes de la
progreſſion vont en diminuant par moitié, comme
dans l'exemple propoſé, pour lors la ſomme de tous
les termes qui ſuivent le premier, eſt égale à ce premier terme. Cela eſt évident dans notre exemple : car
puiſque la ſomme entiere eſt 16, & que le premier
terme eſt 8, la ſomme des autres eſt auſſi 8. Si chaque terme de la progreſſion étoit triple de celui qui
ſuit, comme dans cet exemple $\div 12 . 4 . \frac{4}{3} . \frac{4}{9} . \frac{4}{27}$, &c.
alors la ſomme des termes qui ſuivroient le premier,
ſeroit la moitié de ce premier terme. Si chacun des termes de la progreſſion étoit quadruple du ſuivant, pour
lors la ſomme des termes après le premier ne ſeroit que
le tiers de ce premier, ainſi de ſuite : par exemple, ſi
chacun des termes eſt dix fois plus grand que celui qui
ſuit, comme dans cette progreſſion, $\div 10 . 1 . \frac{1}{10} .$
$\frac{1}{100} . \frac{1}{1000}$, &c. la ſomme de tous les termes moins le
premier eſt la neuviéme partie de ce premier. Tout cela
peut ſe démontrer par la proportion $s . s - a : : a . b .$
Car à cauſe de cette proportion on aura *dividendo*,
$s - s + a . s - a : : a - b . b .$ Or $s - s + a = a .$ Donc $a .$
$s - a : : a - b . b .$ Donc *invertendo*, $s - a . a : : b . a - b .$
Or dans le dernier exemple, $b = 1$ & $a - b = 9$;
donc $s - a . a : : 1 . 9 :$ c'eſt-à-dire, que la ſomme des
termes moins le premier eſt la neuviéme partie du premier.

PROBLÊME VII.

42. *L'aiguille des heures & celle des minutes d'une
montre étant toutes les deux au même point de midi, trouver à quel inſtant l'aiguille des minutes attrapera celle
des heures.*

Je remarque d'abord que quand l'aiguille des minutes aura parcouru le cadran entier, celle des heu-

res se trouvera précisément sur le point qui marque une heure. Ainsi la distance des deux aiguilles sera pour lors l'espace ou l'arc qui est entre les points de midi & d'une heure. J'appelle cette espace a, ainsi cette lettre signifiera la douziéme partie de la circonférence du cadran, soit que ce soit la premiere partie, ou la seconde, ou la troisiéme, &c. Je nomme x l'espace qu'aura parcouru l'aiguille des heures depuis le point d'une heure jusqu'au point où elle sera arrivée quand l'autre l'attrapera. Cela posé, comme l'aiguille des minutes va douze fois plus vîte que la premiere, l'espace qu'elle parcourra en même-tems sera $12x$. Or cet espace que parcourt l'aiguille des minutes jusqu'à ce qu'elle atteigne la premiere, n'est autre chose que l'arc a situé entre les points de midi & d'une heure, plus la distance x qui est depuis le point d'une heure jusqu'au point de rencontre. Par conséquent on aura l'équation, $12x = a + x$. Voilà la nature du Problême exprimée en équation selon ce que demande la premiere regle. Je passe tout d'un coup à la troisiéme, parce qu'il n'y a qu'une espece d'inconnue dans l'équation.

Puisque $12x = a + x$; donc $12x - x = a$, ou $11x = a$; donc en divisant chacun des membres par 11, il viendra $x = \frac{a}{11}$: ainsi l'espace x est la onziéme partie de l'arc a, c'est-à-dire, que l'aiguille des minutes attrapera celle des heures à la onziéme partie de la seconde heure après midi. Et cela est évident, car pour lors l'espace parcouru par cette aiguille des minutes sera 12 fois plus grand que celui que la premiere aura fait dans le même tems, puisqu'elle aura parcouru douze onziémes parties d'a, sçavoir, les onze parties du premier espace désigné par a, & encore une onziéme du second. J'ai dit, les *onze parties du premier espace :* car chaque espace entier contient onze onziémes parties de cet espace.

On peut trouver par la même méthode que s'il y a
une aiguille des secondes qui soit sur le point de midi
dans le tems que celle des minutes est au point qui
marque la fin de la premiere minute après midi, cette
aiguille des secondes rencontrera celle des minutes à
la cinquante-neuviéme partie de la seconde minute.

43. On pourroit résoudre ce Problême par la remarque qui suit le précédent, sans le secours des équations.
Pour cela il faut faire attention que tandis que l'aiguille des minutes parcourra l'espace a qui est entre les
points de midi & d'une heure, l'aiguille des heures, que
j'appelle la premiere, fera la douziéme partie de l'espace depuis une heure jusqu'à deux, puisque la seconde va 12 fois plus vîte que la premiere : cette douziéme partie soit appellée b. De même pendant le
tems que l'aiguille des minutes parcourra b, celle
des heures fera un autre espace c, qui sera la douziéme partie de b, & tandis que la seconde aiguille
parcourra c, la premiere fera encore l'espace d, qui
sera la douziéme partie de c, ainsi de suite à l'infini.
Par conséquent tout l'espace qu'aura fait l'aiguille des
heures quand celle des minutes l'atteindra, sera une
suite infinie de petits espaces, dont chacun sera la douziéme partie du précédent. Or l'arc a compris entre les
points de midi & d'une heure est le premier terme de la
progression dont cette suite infinie renferme les autres
termes. Par conséquent l'espace parcouru par l'aiguille
des heures n'est que la onziéme partie d'un arc égal au
premier marqué par a. Ainsi l'aiguille des minutes attrapera l'autre à la onziéme partie de la seconde
heure.

PROBLÊME IX.

45. *Une personne ayant rencontré des pauvres, a voulu
donner à chacun quatre sols ; mais elle a trouvé en comptant
son argent, qu'elle avoit deux sols de moins qu'il ne falloit ;
c'est pourquoi elle a donné trois sols seulement à chaque*
pauvre,

pauvre, & il lui en est resté cinq. On demande combien la personne avoit de sols, & combien il y avoit de pauvres.

J'appelle x le nombre des pauvres, & y celui des sols; & je dis: Puisque, si cette personne avoit eu deux sols de plus qu'elle n'avoit, elle en auroit eu assez pour donner quatre sols à chacun des pauvres; il s'ensuit qu'en ajoûtant 2 à y, la somme $y+2$ sera quatre fois plus grande que x, qui est le nombre des pauvres; par conséquent $y+2=4x$.

D'ailleurs par la seconde condition du Problême, cette personne ayant donné trois sols à chaque pauvre, il en est resté cinq; par conséquent en retranchant 5 de y, le reste $y-5$ sera trois fois plus grand que x; ainsi $y-5=3x$. Les deux équations du Problême sont donc $y+2=4x$ & $y-5=3x$. Voilà l'application de la premiere regle, & voici celle de la seconde.

Puisque $y+2=4x$; donc $y=4x-2$: je substitue dans la seconde équation du Problême la valeur de y, sçavoir $4x-2$; & je trouve $4x-2-5=3x$, ou $4x-7=3x$. Après cela j'applique tout de suite la troisiéme regle: puisque $4x-7=3x$; donc $4x=3x+7$; donc $4x-3x=7$; donc $x=7$; c'est-à-dire, qu'il y avoit sept pauvres.

Que si on veut pratiquer la seconde regle par la soustraction, il faut retrancher l'équation $y-5=3x$ de l'autre $y+2=4x$, le reste est $y+2-y+5=4x-3x$, qui se réduit à $2+5=x$, ou $x=7$.

Pour connoître le nombre de sols, je mets 7 à la place de x dans la premiere équation, & je trouve $y+2=28$; donc $y=28-2$, ou bien $y=26$: ainsi la personne avoit 26 sols: & d'ailleurs il y avoit sept pauvres. Il est aisé de voir que ces deux nombres satisfont aux deux conditions du Problême.

On auroit pû rendre générale la solution de ce Problême en mettant à la place des deux chiffres 2 & 5, les deux lettres m & n ou quelques autres, & pour lors au lieu des deux premieres équations $y + 2 = 4x$, & $y - 5 = 3x$, on auroit eu celles-ci $y + m = 4x$ & $y - n = 3x$. Après quoi on feroit parvenu à l'équation $x = m + n$ de la même maniere qu'on a trouvé $x = 7$. Or cette équation $x = m + n$ montre que le nombre des pauvres eſt égal à $m + n$, c'eſt-à-dire, au nombre des ſols qui manquoient pour en donner 4 à chaque pauvre, plus à celui des ſols qui ſont reſtez en donnant ſeulement 3 ſols. D'où l'on pourra connoître tout d'un coup que dans tous les Problêmes ſemblables le nombre des pauvres eſt toujours égal à celui des ſols qui manquoient d'abord, & à celui des ſols qui ſont reſtés. Par éxemple, s'il avoit manqué 6 ſols pour en donner 8 à chaque pauvre, & qu'il en eut reſté 4, en donnant 7 ſols, le nombre des pauvres auroit été $6 + 4$, c'eſt-à-dire 10. Or quand on connoît le nombre des pauvres il eſt facile de trouver celui des ſols. Ainſi dans ce dernier éxemple la perſonne avoit 74 ſols, puiſque ſi elle avoit eu 6 ſols de plus qu'elle n'avoit, elle auroit pû donner 8 ſols à chacun des dix pauvres ; & par conſéquent elle auroit eu dix fois huit ſols, c'eſt-à-dire, 80.

On pourra voir dans l'Ouvrage dont celui-ci eſt l'abrégé, des éxemples plus difficiles des équations du premier degré, & d'autres dont la ſolution dépend de celles du ſecond.

FIN.

TABLE DE L'ARITHMETIQUE ET DE L'ALGEBRE.

DÉFINITIONS.   Page j
Abrégé d'Arithmétique & d'Algebre.   iv

LIVRE PREMIER.

LIVRE SECOND.

Réduire

LIVRE TROISIE'ME.

DES EQUATIONS.

F I N.

La prose est fille de la logiqᵉ. la logiqᵉ de la Science du discours et de la grammaire raisonnée : ordᵉˢ supposent l'art de penser, la metaphysiqᵉ de l'esprit et la phÿsiq. de l'âme.

La prose a encore une affinité marquée avec le Chant et la mimiq. c'est de cette Science qu'elle a empruntée les inflexions de la Voix, la mesure des Vers, la douceur et l'harmonie des sons